U0610232

微改变

如何做最好的自己

梓奕◎著

古吴轩出版社

图书在版编目（CIP）数据

微改变：如何做最好的自己／梓奕著．—苏州：
古吴轩出版社，2012.5
ISBN 978-7-80733-797-3

Ⅰ.①微… Ⅱ.①梓… Ⅲ.①成功心理—青年读物
Ⅳ.① B848.4-49

中国版本图书馆 CIP 数据核字 (2012) 第 074060 号

责任编辑：李宁军
见习编辑：潘　娜
策　　划：张春霞
装帧设计：颜森设计

书　　名：微改变：如何做最好的自己
著　　者：梓　奕
出版发行：古吴轩出版社
　　　　　地址：苏州市十梓街458号　　　邮编：215006
　　　　　Http://www.guwuxuancbs.com E-mail：gwxcbs@126.com
　　　　　电话：0512-65233679　　　　传真：0512-65220750
经　　销：新华书店
印　　刷：三河市兴达印务有限公司
开　　本：710×1000　1/16
印　　张：17.5
版　　次：2012年6月第1版　第1次印刷
书　　号：ISBN 978-7-80733-797-3
定　　价：32.80元

如发现印装质量问题，影响阅读，请与印刷厂联系调换。0316-3515999

前言 Preface

　　从秀水淘了一个Bottega Veneta包，只有一张比萨的价格，女孩爱不释手。她很幸运，这个女孩进入了微奢侈的时代。在这个时代，每个人都有权利享受奢侈。

　　微奢侈、微生活……微时代，我们有幸赶上了一个以微见著的时代。SNS成了我们生活旋律的表现，无处不在的各种终端让我们每个微个体时刻与这个世界连接，生活的快节奏与信息爆炸已经让我们无法有更沉溺的心思来触碰那些冗长或者伟大的事物。

　　这就是微时代，一切都在微改变。包括我们自己！

　　什么是最好的自己？

　　成功或是实现梦想就是最好了吗？

　　健康，富有，聪慧，有地位，究竟什么才是最好的自己？

　　每个人都有自己的梦想，每个梦想无不与自身的变化有关。有人想获得更多的成功，有人想要更幸福的生活，有人想拥有更快乐的心情，谁都希望自己能越来越好，但谁也都知道，离最好的自己还有多远的距离。

　　很多人现在走的路和小时候想要洋娃娃的希望是不同的。不是这些人不能坚持，而是梦想总会随着年龄的增长和环境的变化而改变。大多数人在经历了成长之后，意识到了梦想与生活的牵连，知道了梦想本身和实现梦想会使生活变得更加多姿多彩。

但还有些人把生活当成一种枷锁，一种永远背负着的甩不掉的累赘，于是"脚踏实地"总被"好高骛远"所取代：他们总在漆黑的夜里期盼黎明，却不愿在清晨亲手拉开窗子上厚厚的帘，最终他们的梦想成了空想。

不论梦想还是空想，如何才能做最好的自己？这是很多人在盼望着，却也在纠结的问题。人们虽然知道胖子不是一口吃成的，堡垒不是一次堆成的，但在追求更好的自己这条路上却总是急于求成，恨不得一下子就让自己成为人中之龙，受不得漫长的过程。

很多人都知道自己的情况，知道自己拥有什么，想得到什么，有什么缺点，思想中存在着哪些隐疾，也都想要生活过得更有色彩、更有爱。虽然知道残缺美的含义，很多人却在遭遇不完美的时候无法释怀。职场上的那点事，朋友间的小矛盾，爱情、生活、事业，还有那么多的半途而废和不甘无奈，人们迫切地希望能走出眼前这个困局。

这很难吗？其实只需要我们平时稍稍做些改变。

很多人有一些想法已经很久了，可能在三年以前就想戒烟，可能在几个月前就想减肥，可能两年以前就想学着如何与朋友相处……但为什么到现在还没有改变或者几乎没什么收效呢？

也许是方式的问题：对于一个希望戒烟者而言，假如平时每天需要吸一包烟，那么从现在开始，每天少吸一支，每月递减。戒烟过程虽然需要一年多，却不会觉得痛苦。这种简单的办法所取得的效果比那些通过药物或强制，最终总是反复的方法要强很多。

如果想成为一颗太阳，那就从尘埃做起；如果想成为一条大江，那就从水滴做起；如果想成为世界瞩目的英雄，那就从最普通、最平凡的人做起。循序渐进永远好过急于求成，每个想法的实现都是通过积累获得。

这就是每个人微改变的过程，也是从平凡到伟大的过程！

目录 Contents

Chapter1　大我小我的战役

也许你是知道的，在你的身上存在着两个自己。如果我们用"大我"和"小我"去称呼的话，那么"大我"就是你的指挥者，是你理想、梦想的主宰者，"小我"则表达出懒惰、借口、嫉妒等你不想要的自己。这两个自己，通常都在打架，所以，你有了烦恼、有了矛盾、有了工作中上网玩的你，也有了在逆境中积极上进的你。

找出"小我"的自己吧，通过微改变，让"小我"越来越小，"大我"越来越大，离最好的自己越来越近！

Chapter2　清除思想里的恶意小插件

在你的思想里，也许没有会把你人生观、价值观整个颠覆的"木马病毒"，但肯定会有影响你整个行为程序运行的恶意小插件。这些插件不会让你后退，却阻碍你前进的速度，让你在日常生活中多了各种纠结和闹心。找到它们，并清除它们吧。

Chapter3　无奈地生活，有爱地过

生活是用来过的，事业、价值都离不开生活，而生活能力就是一个人的综合素质。天天下馆子，恭喜你，地沟油需要你；大烟大酒，恭喜你，医院喜欢你……同学们，同志们通过一些微改变，提高自己过日子的能力吧，找到生活中除了钱以外，还值得你微笑、开心的理由吧。

Chapter4　爱上不完美

有人也许会问了，不是做最好的自己吗？为什么还要爱上不完美。最好不等于最完美，只有通过一些微改变，发现自己的不完美，爱上这些不完美，和这些不完美做最好的沟通，给这些不完美一些最适当的建议，才会越来越接近最好的自己。

Chapter5　职场上的那点事

职场通常和奋斗、成绩、辉煌连在一起，当你没有奋斗的动力，没有对成绩和辉煌的期盼，你就必须改变了。改变一下心态，改变一点做法，也许成绩就会在某个瞬间不期而遇。

Chapter6　游转属于你的圈子

"人脉"很重要，但能为了人脉七巧玲珑、八面逢源的人还不是大多数。也许你就没瞧得上那些善于钩心斗角、欺上瞒下的人，但要知道，他们也是在付出，付出就会得到回报，很有可能还是事半功倍的回报。你不想付出，就不要羡慕别人所得到的。在交际圈中，你做到不是另类就好。

Chapter7　打听幸福的下落

　　每个人心中都有一个坏孩子的天空，每个人心中都有一个故事，每个人心中都有一段伤心的往事。也许那个坏孩子很懂事很孝顺，也许那个故事的主旋律并不凄凉，也许他背后站着一个爱他的不离不弃的女人。但这一切都阻止不了人们追逐幸福的脚步。

Chapter8　不要后来才学会爱

　　年轻的我们，心中充满对爱情的憧憬，但总是在爱中受伤，当然在伤痛中我们也会成长。悄悄对你的爱，对你爱的方式，做出些微小的改变，被你爱的人，会更舒服，你得到的爱也会更多。

Chapter9　心甘情愿接受和实践一些道理

　　有些道理，已经被称为老声长谈，不再当道理去用。但是无论是理论还是实践，懂得这些道理都不会吃亏。不要总以我是时尚新人、我是走在时代前沿的人为借口，试着去懂这些道理，让这些道理指导你的微改变。

Chapter1

大我小我的战役

也许你是知道的，在你的身上存在着两个自己。

如果我们用"大我"和"小我"去称呼的话，那么"大我"就是你的指挥者，是你理想、梦想的主宰者，"小我"则来表达出懒惰、借口、嫉妒等你不想要的自己。这两个自己，通常都在打架，所以，你有了烦恼、有了矛盾、有了工作中上网玩的你，也有了在逆境中积极上进的你。

找出"小我"的自己吧，通过微改变，让"小我"越来越小，"大我"越来越大，离最好的自己越来越近！

你离最好的自己还有多远

微寄语　一棵大树的成长需要经历风雨的不断冲刷洗礼和阳光的沐浴。同样，我们的成长也需要时间的沉淀和历练，在爱中感恩，在挫折中坚毅，在知足中快乐……才能将磨损的灵魂修复得圆融，浑厚，清爽，幸福是无需言语的满足和珍惜。

你有嫌弃自己的时候吗？

太懒！老板交代的工作，不到最后关头，绝对安不下心去做！

太馋！减肥已经停留在嘴上八年了！难道长在身上的真的都是财富？

太经不住诱惑！买iphone，买iPad！

太爱嫉妒！我不要你过得比我好，看你过得好，我就难受得要死要活了。

每当觉得自己一无是处的时候，转头想想，你还是会自己劝自己的吧！

我不懒，我很勤快，我每天勤快地坚持睡着懒觉，每天吃完饭就勤快地坐在沙发上看电视。

我不馋，我吃证明我身体需要，别人想吃，胃还不给力呢。

经不住诱惑那说明我上进，别人有啥，我也得有啥，不惜一切代价。

人无完人，哪个人不会嫉妒呢？我嫉妒，说明我是个心理正常的人。

是的，你有时会遇见正义的自己，不留情面地剖析不完美的你，把缺点赤裸裸地展现在你的面前。在你还没丢盔弃甲前，那个维护自尊的小我，就会拼命冲向正义的你，奋力地替你找出一切看似完美，可以把缺点一一隐藏的理由。于是，你又可以安心地睡、安心地吃，正常无负担地生活。但是，这种战役不止一次次地打响，让你始终在纠结，于是你也会开始寻找，寻找那个最好的自己。

最好的你和现在的你之间的距离无法丈量，没有一个具体的数据会向你表明，你离最好的你还有多远。你是不是特想今天睡觉前许下一个美好的愿望，明天早上起来就真的能实现？我也想，但是这比天下掉馅饼还难。一切好事都需要付出，想找到那个最好的你，就得从生活中、工作中慢慢改变自己，慢慢向最好的自己靠近。若真这样做，不用太久你就会发现，在很多方面你已经是最好的自己了。

寻找最好的自己，需要细心地发现和热切地期盼。

如果你既不强烈地想寻找最好的自己，也不急迫地想做最好的自己，这表示你根本没有达到最好的能量。能量就是热切，这份热切的背后是一种能推动你前进的动力。缺少了这股热切，你就无法找到任何真相。热切是相当可怕的东西，因为一旦你拥有了它，就真的不知道它会把你带到哪里去。如果你拥有了对最好的自己的热切，就会勤快地去做事，而不是睡懒觉，这才是向最好的自己迈了一大步了。

有了对最好的自己的热切期盼后，你需要做的就是彻底了解自己。活得明白很重要，明白自己是个怎样的人更加重要，你可以问自己几个问题：

1.我有哪些优点？

2.我有哪些缺点？

3.我有哪些和别人不一样的地方？

4.我的爱好里，哪些能帮助我成长，哪些在拖我的后腿？

5.我有哪些朋友？

6.我的朋友中，哪些对我来说有正面的影响，哪些有负面的影响？

……

当你能很好地回答上述问题时，你也就对自己有了初步的了解。了解之后，你也许会觉得事实很残酷，这样的你根本不是你想象的样子。但你仍需要接纳自己，无论你是帅哥还是恐龙，无论你是高才生还是农民工，无论你生在富裕家庭还是贫困的家庭，你都要坦然地去接受。因为你只是不完美的自己，通过努力、调整微改变，你会变成能够欣赏的最好的自己。

做最好的自己，最好不是和别人比。天外有天，人外有人，和别人比较，你永远都成不了最好的一个。你要和自己比，和以前的自己比，和昨天的自己比，让自己逐步成为最好的自己。

如果你想离最好的自己更近一些，就不要在乎昨天的自己是怎样的一个人。不论你的底子有多薄、基础有多差，只要你想做到最好，就可以比不努力的状态更好！

如果你不想成为最好的自己，请你不要再无病呻吟，不要再不满足现状，不要再想着若干年后也可以像那些付出努力的人一样得到更美好的生活。因为不爱最好的你，最好的生活也不会拥抱你。

想做最好的自己，还是最舒服的自己

 微寄语 舒服只是暂时，不能一世，还可能耽误一世。而做最好的自己，虽然需要付出努力和很多时间。只是在追求和寻找最好的自己的过程中，你将享受到拼搏的快感和进步的快乐，尤其是成功之后的喜悦和成就感。

在"日子"的生产线上，很多事情，对于你、我、他都练就了熟练工种，挑战越来越少，希望越来越远，压力越来越大，动力越来越小，不变的是我们还活着。

活着的我们是活一天算一天，还是活一天就要精彩一天呢？

精彩对于不同的人有不同的定义，有些人舒服就精彩，有些人进步才精彩。你敢保证舒服的每一天相叠加就等于舒服的一辈子吗？我敢保证进步的每一天相叠加就会等于最好的自己！

进步需要付出，但这种付出会得到回报。舒服可以得过且过，也可以随遇而安，但当人们的生活开始一成不变时，生命就像拴在石磨上的驴一样一圈一圈地消磨，直到躺在病床上即将离世的那一刻。试想下，如果一下就不让驴成圈地拉磨或者给驴穿上旱冰鞋，驴一定会不适应，可能磨彻底也拉不成了。人也是一样，如果不满足自己的生活，想追求进步，但一时间又不能彻底改变，这时不要着急，积少成多，量变终会达到质变。在生活中，我们可以以寻找舒服为突破口，寻求微改变。

什么时候是最舒服的自己呢？

工作时间，上网聊天

下班时间，大吃大喝

美好清晨，呼呼大睡

月黑风高，网上厮杀

月光一族，伸手来钱

……

别说正在经历的人觉得舒服，就是旁观者看着都会羡慕嫉妒恨。如果你一直这么舒服下去，终有一天，你看到拉磨的驴都会自惭行愧，因为驴还为主人创造价值，而你除了混吃等死，活着还有什么意义呢？

今天工作不努力，明天努力找工作。 别以为，深居简出的老板是傻子。想想你在一个公司待上5年，每天都混吃等工资，你对这个社会来说还有任何竞争力吗？

上班时间可以上网，但不是一直上网，菜可以偷，没必要看着偷。如果你只是在上午、下午各抽出半个小时的时间浏览你喜欢的网页，找你想念的人聊上几句，不但不会妨碍你的工作，还会调节身心提高工作效率。当你在网上从事与工作无关的事情的时候，请你看一下屏幕右下角的时间，这种微改变会使你把工作完成得更加出色，工作的出色正是个人价值的最好体现。

下班了，谁都想放松，可以隔三差五地呼朋唤友，但不能每天都是夜归人、不醉不归，不要拿着年轻的身体和病魔交好。你的胃不是铁打的，你的肠子也不是塑料做的，血肉之躯需要呵护。从现在起，做出改变，有计划地饮食，保护好自己的身体。

清晨，对于要早起的人来说都需要勇气，从床到单位的距离考验的是毅力。闹钟不响3遍绝不起床，每天都要大跑加小跑，不可能准时。其实，只要你稍稍改变一下，早起20分钟，也许不但不用大跑小跑，还能给自己准备一份护胃的早餐。

我们都生活在美好的时代，爸妈不但给了我们良好的生长环境，还为我们准备了养娃的钱。我们不需要给自己留后路，赚一个花两个，那是对我们的抬举，赚一个花十个也不夸张。月光不可怕，可怕的是月月光。总有一天要学会一个人长大，当你长大了，想成家立业，兜里空空，是否太难为情了呢？

最好的自己，不需要惊天动地的大改变，只需要一些微改变。上述所讲的几个小方面，如果你能改一改变一变，就向最好的自己前进了若干步；同时，你的生活开始大不相同，一切都向着更好的方向发展了。

列个表吧，看看自己有多少想做但做不到的事

 微寄语 列出想做却真的做不到的事，放下这些虚妄的幻想，去做些有意义的事。列出想做也有可能做得到的事，努力完成它们，让自己的人生少些遗憾。列出想做却早已能做到的事，一切都来得及，别再让人生多些半途而废。

想到：有想法、有主意、有点子；

做到：有行动、有经过、有结果。

小A和小B是住在同一个寝室的好姐妹。刚上大学那会，小A和小B都有点婴儿肥，两人一起约定要减肥。小A说，今天晚上我不吃主食了，小B说，晚上我得好好吃一通，明天再开始。结果，小A成功瘦身，小B毕业的时候，比4年前还胖了10斤。小B对灯发誓，自己的决心真的不比小A少。

小A和小B都是上进的好孩子，两个人都想修双学历，以便毕业后能找到更好的工作。小A坚持每天看一个小时的第二学历的书，小B每天睡觉前都许下美好的愿望，明天一定早起看书，把落下的功课补上，结果哪天都没抵挡住床的诱惑。毕业前，小A顺利拿到第二学历的毕业

证，小B只能微笑着祝贺小A。

小A和小B都是孝顺的好孩子，两个人在上大学之初，约定了一件关于孝顺的事：每个月从生活费里省下50块，假期回去的时候，可以给爸爸妈妈买一份小礼物。小A在每天的生活费里省下一两块钱，每个月把毛票数一数，比50元只多不少。小B第一个月没存下，想着下个月存100好啦！假期到了，小A给爸爸妈妈买了套情侣围巾，小B陪同小A逛街的时候说，这次算了，下次放假的时候给他们买情侣鞋！

小A把想到的，大部分都做到了。小B能想到的好多好多，能做到的好少好少。

你是小A还是小B？读到这里，你可以找支笔，找张纸，把你以前想到的都列个表，在你做到的那些项目里打个勾，在你没做到的项目后面画上叉。做完后，数一数是勾多还是叉多，然后在有叉的项目下面写下没做到的理由。

我猜你根本写不出理由，因为那些理由根本上不了台面。写出来之后，你怕被别人看到，会觉得无地自容。其实，不外乎忘记了、懒得做、不想做、做起来有点难……

试想一下，假如你明天将去世，会不会有些遗憾？很多事想到了，但没做。好吧，为了你去世的时候不再遗憾，以后不要再把"想到"和"做到"这对恩爱情侣棒打鸳鸯了。

想到就要做到，这也是我们生活的基础。如果你连基础都做不好，还期望什么美好的生活呢？想到很简单，某时某地有个脑袋就可以了，做到很难，需要坚持、需要毅力，需要有种精神。其实做到，说难也不难，只是需要每天一点的微改变。

脑袋谁都有，也许你的还比别人的聪明，想到的也比别人的多，但如果你做不到，一切都是零。

在生活中，你是公认的聪明的家伙，很多人想不到的事情，你都有想法。当然，许多人能做到的，而你却没有做到，因为你把好多时间用在想上了。空想等同做梦，梦境很美好，现实很残酷。有没有一个办法，可以把梦境和现实联系在一起，让你能体验梦中的一切呢？当然有，那就是去做！

如果说你的大脑是一块富饶的土地，你可以让它变成收获硕果的良田，也可以任它成为杂草丛生的荒漠——全看你是否在进行有计划的辛勤耕耘。对于每一个人来说，只想不做，是无法做好一件事甚至是不能使事情完成的。世界上每一件东西，大到高楼，小到针线，毫无疑问都是由一个个想法付诸实施的结果。对于只想不做的人，最终只能是徒劳无功。

想到做到并非难事，它只需有一点果断和信心。一位伟大的艺术家，他会力图不让任何一个想法溜掉，无论什么时候，只要有新的灵感出现，他就会立即把它记下来。这是一个很自然的习惯，毫不费力，任何人都可以做到。而你是如何对待的呢？也许你也会这么做，只是不过是一时的冲动。若是在工作中遭遇一些困难或外界的干扰，就会渐渐厌倦，进而变得消极，甚至信心全无，事情也这么半途而废了。你最终只能碌碌无为，平平淡淡地过完了一生。

从现在开始，去实践你想到的每一件事吧，有了行动，你就会拥有一把成功的梯子。只要你持之以恒地爬上去，总有一天会达到理想中的高度。若你只想做把双手插在口袋里的人，是永远也爬不上通往成功的阶梯的。

受控"大我"，还是"小我"

 微寄语 "小我"是心灵的自私，"大我"是精神的超越。"小我"是对此时利益的追求，"大我"是对未来的憧憬。可能没有什么惊天地泣鬼神的事情让你的"大我"发挥足够大的作用，但就是日常生活中的微改变，只需让"大我"更突出，"小我"更收敛，生活就会变得不一样。

因为生计关系，不得不一早在路上走。一路几乎遇不见人，好容易才雇了一辆人力车，叫他拉到S门去。不一会儿，北风小了，路上浮尘早已刮净，剩下一条洁白的大道来，车夫也跑得更快。刚近S门，忽而车把上带着一个人，慢慢地倒了。

跌倒的是一个女人，花白头发，衣服也很破烂。伊从马路上突然向车前横截过来；车夫已经让开道，但伊的破棉背心没有上扣，微风吹着，向外展开，所以终于兜着车把。幸而车夫早有点停步，否则伊定要栽一个大斤斗，跌到头破血出了。

伊伏在地上，车夫便也立住脚。我料定这老女人并没有伤，又没有别人看见，便很怪他多事，要自己惹出是非，也误了我的路。

我便对他说："没有什么的。走你的吧！"

车夫毫不理会，或者并没有听到，却放下车子，扶那老女人慢慢起来，搀着臂膊立定，问伊说：

"你怎么啦？"

"我摔坏了。"

我想，我眼见你慢慢倒地，怎么会摔坏呢，装腔作势罢了，这真可憎恶。车夫多事，也正是自讨苦吃，现在你自己想办法去。

车夫听了这老女人的话，却毫不踌躇，仍然搀着伊的臂膊，便一步一步的向前走。我有些诧异，忙看前面，是一所巡警分驻所，大风之后，外面也不见人。这车夫扶着那老女人，便正是向那大门走去。

我这时突然感到一种异样的感觉，觉得他满身灰尘的后影，刹时高大了，而且愈走愈大，须仰视才见。而且他对于我，渐渐的又几乎变成一种威压，甚而至于要榨出皮袍下面藏着的"小"来。

这是鲁迅先生对大我和小我的最佳的形象解答。那名车夫似乎超越了人性本身，因为他没有了人性的自私，反而更大体现出像神一样博爱和善良。所以，相比较下，鲁迅先生觉得自己皮袍下的那个"小"被榨了出来。

你有过像那个"车夫"的时候吗？

"小我"是心灵的自私，"大我"是精神的超越。"小我"是对此时利益的追求，"大我"是对未来的憧憬。可能没有什么惊天地泣鬼神的事情让你的"大我"发挥足够大的作用，但就是日常生活中的微改变，只需让"大我"更突出，"小我"更收敛，生活就会变得不一样。

小我，一旦穿上了大我的外衣将是一件特别麻烦的事，小我实在是精致的，却又是极度自私化的。心理学家会说，让大我引领我们去觉察自己的小我，可是，伪装的小我摇身一变以一副大我的姿态让自己和他人相信，于己来说是一种麻木，于他人来说是一种强迫。时常小我的谋略与侵犯披上一层神圣的光环，就很难被察觉。如果一个人抵御小我的能量太差，总是让小我占了上风，那么这个人犯错、堕落，总是难免了。

别看大我小我常常让你纠结，但大我和小我并非时时同时存在的，要么你被大我支配，要么你被小我指使。大我永远都是一个背景一样的存在，一个真正的大我，是容不下一点私心的。小我的目的只有一个：为自己戴上漂亮的面具。当一个人说自己的爱是大爱，自己的某个自我是大我的时候，一经在念头中出现，那已经不再是大我大爱了。"你真是不知好歹，你真是没有良心，你真是不懂得知恩图报……"这些是辨识真假大我的最直接的方法。凡是想要得到你的回报的，都是小我的算计。

在生活和工作中，你是否做任何事都讲求回报，做任何事都追求结果呢？从这一刻开始，请你真正地去感受大我，哪怕一天只有一件事是被大我所支配的。

倾听内心真正的声音吧，相信自己是大我大爱的。

从更了解自己开始

 微寄语 想要活得明白，最需要做的就是彻底了解自己。看看自己有哪些优点可以发扬，哪些缺点需要改正；看看有哪些特色是别人不擅长的，以此作为自己立足的根本；看看有哪些缺陷正在拖自己的后腿，正视它们，和它们做朋友，将其转化为前进的力量。

我们经常观察别人，看到各种各样的影子。你有静下心来观察过自己的影子吗？

"汪汪汪！汪汪汪！"

清晨，一只小狗对着栅栏拼命地跳跃着，阳光照在它的身上，在身后拖出一道长长的影子。

"我这么高的个子，没理由跳不出这个栅栏的！"小狗扭动着身体回头看看自己的影子，心里笃定地想着。

"汪汪汪！汪汪汪！"

正午十分，小狗还在不知懈怠地纵跳着。太阳从倾斜变成高挂，身后的影子已经集中在了脚底，形成了一个阴影。

"天哪，我怎么变矮啦！"小狗惊讶地看着自己脚底，垂头丧气地坐在栅栏旁边，"算了吧，我这么矮的个子，怎么可能跳得出栅栏呢？"

黄昏，太阳西斜，小狗无意中发现自己的影子又开始拉得长长的。

"哎呀，我怎么又长高啦，太不可思议啦！"小狗两只小眼睛瞪得圆圆的，不可置信地看着身后的影子。

"汪汪汪！汪汪汪！"

想了想，小狗又开始对着栅栏发起了冲击

……

看影子，这是件既平凡又奇妙的事，就像那只小笨狗，清晨和黄昏的影子会激发它的拼搏心，而正午的影子却能击垮它的斗志。但事实上，它所看到的"影子"都不是真正的自己。这就像我们，谁能看得清自己的本来面目呢？

看清自己，其实并不难。每个人都一样，一个脑袋一张嘴，都有自己的思想和能力。想看清自己，不妨先从这些入手。现在先找两张白纸，再找一支铅笔和一块橡皮，然后开始在其中一张白纸上对自己提问：

你今年多大？年龄是个很重要的因素，老话说得好"三岁看小，七岁看老"，按这个办法再往后推20年，到了和你现在差不多的年纪的时候，你是什么样的？孔子说的"后生可畏，焉知来者之不如今也"确实富含哲理，"后生"之所以"可畏"，是因为他们还有更多的时间可以拼搏成长，这也就是人们常说的"年龄优势"了。看看你自己，你有多大的年龄优势，你的长处是什么。

把眼睛闭上，仔细思索：

你擅长的是什么？你从事的是什么工作，作家，公务员，推销员，累不累？你赚取的薪金和付出的努力成正比吗？

你现在的状态怎么样？把现在的感觉写下来吧：是时常疲惫还是精神十足；是对什么都没有兴趣，还是充满了好奇心？

你安于现状吗？千万别说什么"我是个知足的人"，这句话谁都会说，事实上99%说这句话的人都是在说假话。你开着夏利的时候看见前面有辆宝马，你有没有想过有朝一日也买辆"别摸我"，这句话不用你来回答，因为这个答案很简单：这世界上几乎不存在安于现状。

你的缺点是什么？"金无足赤，人无完人"，缺点是每个人都有的。大到社会名流，神圣到流芳千古的圣人，小到平头老百姓，谁没犯过错误？缺点是人人都有的，仔细想想，把你所有的缺点都写下来。

你的恐惧是什么？恐惧是伴随着思想和感知产生的，不论视觉、嗅觉、触觉、味觉还是感觉，只要你的思想活动进行着，恐惧就一直都存在着。上班怕领导骂，下班怕堵车。换了环境怕适应不了，去商场买东西怕买到假货。白天怕晒，晚上怕黑。谁都有自己的恐惧，这些恐惧有大有小，就像家常便饭一样普通和简单。

你能管得住自己吗？凌晨3点，你被闹铃声惊醒，眼还没睁开的时候就开始剧烈地心理斗争：农场的萝卜该收了，庄园的土豆快熟了，再不摘的话就都让别人偷走了！你刚要起床，转念一想：不行，明天有个很重要的会要开，我必须保证睡眠质量！你犹豫着想继续睡觉的时候闹铃再次响起：今天不收的话，明天收菜的时候肯定要少收好多啊……你纠结了，你忽然想起来在某本书上看到的一句话——"每个人心中都有两个王，一个叫做'自律'，一个叫做'欲望'"，在你为睡觉和收菜纠结的时候，你心中的两个王，谁会是最后的胜者呢？

拿出那张白纸，这张就是最初的你。那个时候你不知什么是爱、什么是恨，你刚刚接触到这个世界，所拥有的只是一声嘹亮的啼哭。就像一张纯洁的白纸，没有丝毫的褶皱和瑕疵。

在成长的岁月里，你学到了知识、获得了技能。你知道了爱恨情仇，是非曲直。你的这张白纸上开始被画上了各种形状和颜色的道道，你长大了，白纸也不再空白了。

拿出你刚刚答题的那张纸，再拿出铅笔和橡皮。用心去解读自己，在你认为是正确的下面用铅笔画上一条加强线，而那些你认为可以改变的用橡皮擦去，你只需要擦掉浅浅的一层铅迹，留下一道你可以看得出来的痕迹。

这张被铅笔和橡皮修改过的纸就是此刻的你，把这两张纸妥帖地保存起来。每过一段时间，当你的情况有所改变时，你就把写有问题的纸拿出来，用铅笔在之前的问题上继续作答；如果有所改变就增添，如果又犯了以前的错误，就把浅痕描深；如果哪天你确定已经改掉了那些浅痕上的毛病，那就彻底把它们擦去吧。这时的你，是认清了清晨、正午和黄昏后的影子的自己。

意识今天，今天意识

 微寄语 "今天"应该时刻存在每个人的脑海中。认识"今天"的重要性：在第一时间挽回昨天的错误，不让它们遗留到明天；最大限度完成今天的工作，不让它们成为以后的拖累；及时准确地做好明天的打算，不让明天像昨天一样彷徨无奈。

明天是幸福的，每个人都有这样的憧憬。多少个曾经的明天都变成了昨天，你站在今天，又是如何面对今天的呢？

明天再美好，也只是明天，明天的一切如今都未发生。明天能怎样，完全取决于你今天的行为，明天就是若干今天的堆积。如果你愿意微改变，那么，就为你的明天积累了更多美好的能量。

任何人做任何事都有他的目的，呼吸是为了确保生命所需的氧气，走路是为了到达某个目的地，工作是为了更好地生活，这些都可以看成一个人的目的。

今天，你要有规划的行为，这样明天才有希望。你的规划无需有多远，重要的是要细致。哪怕你只规划了未来一个小时之内需要做的事情，也要把每一项细节都规划得清清楚楚、没有遗漏。规划不用太多，也不能太少，规划的内容要和你的完成能力成正比，切莫"眼大肚子小"，也不要给自己留有太多的偷懒时间。

成功是献给每一个有备而来之人的，所以，你要做好充分的准备。

你要提前做好各种准备，不只是行为上的，还包括心理的——如果你被突如其来的事情吓破了胆，这可不是什么好现象。

该面对的就去面对，就算你逃到了明天，也逃不开自己的心。

你有那么多一直想做，却又不愿去做的事。可能因为这些事比较棘手，也可能因为你抹不开面子，还可能因为你不好意思，或者你害怕承担结果。你心里装了太多的东西：对他的内疚，对她的欠债，对这件事的悔恨，对那件事的无奈。你在昨天的某个时间可能想过：把这件事办了吧，要不装在心里太难受。可你总是又转念一想：算了，明天再说吧。这次你不要再这样想了，不管怎样，今天都去逐一把它们做完。

该丢掉的就丢掉，背负太多，你不累吗?

有些人、有些事，有些情感、有些习惯，它们可能早已经离你远去，但那些情愫却总会萦绕在你心头。人最可怕的不是失去，因为人每天都在失去——失去上一秒、上一分钟、上一个小时。失去其实只是一种习惯，最可怕的是在这种习惯里掺杂了一些叫做"舍不得"、"放不下"和"抛不开"的坏念头。现在，把这些统统丢掉吧，因为只有这样，你的心里才能有更多的空间去盛放明天。

哪怕明天就是世界末日，今天的你依然安全。

不要心怀恐惧，尤其是对未来的恐惧，明天怎样是明天的事。哪怕你明天就要面对死亡，今天你还可以拥有24个小时，是在惶惶不安中度过，还是开心的度过? 你现在拥有74万多秒，把每个明天都当成末日，那么在你人生的最后时刻，你应该怎么度过才算对得起自己?

假若每天10元钱，算一算你丢失了多少钱。

不要否认，其实你的每一个昨天都有过偷懒耍滑的念头。假设每有一次混日子的念头，你就丢失了10元钱，假设你过去的每天都只有一次这种念头，算算你丢失了多少钱？事实上你每天有过这种念头多少次，你自己比谁都清楚。一次10元，你算算你丢失了多少钱？记住，现在就是明天的昨天，如果你还会有这种念头，你又将丢掉多少个10元？把握吧，每天多忙碌一会，少偷懒一会，这样你每天都能赚到更多的财富。积少成多，最后你会多拥有很多。

抬头看看窗外的太阳，再过几个小时它就会西落。当黑夜来临，时钟转到"12"的时候，你的今天就过完了。而你今天有多少微改变，为你的明天又积累了多少希望的种子呢？

其实，你也可以是个"超人"

 微寄语 人生可怕的事情不是你更多地看到自己的不足，而是没有看到自身所具有的巨大潜能。所以，请停止自怨自艾，赶走懒惰和认命，把自己当成超人，重新树立信念，开启创新的宝库，激发出奋进的雄心。那么，你离成功的自己、最好的自己就更近了一步。

每个人都有无法估量的潜能有待开发，就像大脑中那些未被使用的脑细胞一样。

"我有什么办法？我就这么一点能耐。"当遇到某种无法解决的问题时，很多人都说过这种话。这时候，你遇到的可能只是纸老虎。习惯让你觉得老虎是可怕的，是不能挑战的，但如果你有了"超人"的思维习惯，你是否就敢于去挑战了呢？

有一只鹰，从小失去了父母，被一位好心的农场主收养，和一群鸡生活在一起。从记事起，它就和这些鸡生活在一起，从不知道自己是鹰的身份。

是什么改变了鹰？是一天天形成的习惯，是一天天慢慢形成的思维，也是一天天一点点的微改变。如果把鸡放在鹰群里，潜移默化，鸡会不会觉得自己也是一只可以翱翔的鹰呢？

什么是潜能？潜能就是潜在的能量。小鹰的飞翔能力就算是一种潜能，只是它一直麻痹地以为自己只是只鸡，不会飞翔。它习惯了"鸡"的称号，并以鸡自居，直到它遇到了自己的同类。

其实每个人都有自己的潜能，每个人都是一只鹰，只是自以为是地以为自己飞不起来罢了。小时候我们都学过一些"速算"、"快速记忆法"之类的小技巧。那时候每个年级也都有"快班"和"慢班"之分，慢班的孩子学的都是基础知识，而快班的孩子学习量则要大上许多，经常会被"特殊对待"。这些"速算"、"快速记忆法"和"特殊对待"就是在挖掘潜能。

第一，要自知，知道自己最擅长什么，最喜欢什么。

擅长的已经是你的潜能，自然要发扬，要做到越来越好。喜欢的也可能是你的潜能，把你的全部意念都集中到你喜欢的事情上去，不停地进行、不停地重复，直到熟能生巧。渐渐地，你会发现它也是你最擅长的了。

第二，要自查，查找自己的思维盲点，看看是不是落下了什么。

每个人的思想都有所不同，每个人想到的问题也都不尽相同。你认为重要的能力，别人可能嗤之以鼻。而别人觉得算不上能力的事情，你却不想放弃。往往这些你想不到的，就是你最大的潜能。

第三，要自我"欺骗"，给自己设置一个假设的死地。

置之死地而后生，你要做的就是这样一个假设：深夜，睡梦中的你被人掳去，双眼被蒙，四肢被捆，嘴也被胶带封住。你听到了飞机轰鸣，头被重重地击了一下。当你醒来时，发现自己已经身处一个荒岛。这个岛上只有你一个人，而且四周的丛林里野兽伺伏。

第四，要多说，把你要做的大声说出来。

不要顾虑，不要怕，大声地说吧，放纵你最原始的冲动，这时的你才是最原始的你。敢爱敢恨是每个人的希望，你要做的就是把这个希望暂时变成现实，勇敢地爱、勇敢地恨。

第五，要多想，天马行空，能想什么就想什么。

最伟大的创意都是胡思乱想出来的，你要做的也是这样。放松你的神经，不管你看到什么，去联想吧。你可以从一支铅笔想到一辆马车，从一个茶杯想到一场球赛，从一只球鞋想到冥王星……

第六，要多做，创新是激发潜能的最好办法。

拿出一根5厘米长的铁丝，把它折叠成不同的形状。一开始，你把它折成了一颗心、一个圆，后来你把它折成一只耳朵、一座金字塔。折吧，不停地、想方设法地折。最后当你能记下100种折法时，你的意识会被拓展得更为广阔。

第七，多睡，做各种稀奇古怪的梦。

你心无杂念、完全放松地躺在草地上，头顶是蓝蓝的天、白白的云，和煦的阳光温暖着你，睡意袭来，你醋醋睡去。你梦到了欲望的火花，成功的喜悦，行路的艰辛和失败的可怕。一张恐怖的嘴脸忽然出现在你的眼前，它狰狞地笑着，张开大嘴向你扑来，你想喊喊不出，想逃逃不掉，你感觉身体被紧紧地束缚着，你拼命地挣脱，拼命地在内心大声呼唤：潜能，出来吧！

潜能不是固定存在的，每个人身上的潜能可能都不一样，世界上没有任何一种科学可以指出你的潜能是什么，更没有任何一种办法可以100%地发掘出你的潜能。想发掘自己的潜能，只有靠自己多听、多想、多学、多练……

测一测：你的"小我"是否足够强大

 微寄语 查看自己身上究竟有多少"小我"的因素，将有利于改正缺点、发扬优点。检测自己的"小我"指数，将有助于创建一个适合自己的"大我"计划。依此执行下去，"小我"将离你越来越远。

Question1

这个月你的业绩完成得很好，经理决定给你加薪。但你心里很清楚，你之所以如此出色地完成任务，和同事的帮助有很大关系。这时你会不会从薪水里拿出一部分，来请他们"庆祝"一下呢？

A.当然会。"独乐乐不如众乐乐"，何况我的业绩里也有他们的一份功劳呢。钱花没了可以再赚，但不能让人说我没良心，就当花钱买个好名声了。——+7

B.当然会。就算所有的工作都是我一人完成的，我也要向大家"表示"一下。毕竟大家在一起做事，这样更能调动大家的工作热情，对我以后的工作也有很大的帮助。——+10

C.会，不过我也会很"肉疼"。钱，那可是真真正正的"老人头"

啊，不过怎么着也不能让人说我"光进不出"、"不讲究"啊，没办法，"肉疼"也得忍着。——+5

D.坚决不！钱都进了我的口袋了，想让我再吐出来，哼哼……不可能！就算我请他们"娱乐"了，我也会对他们横眉立目，还要在心里狠狠地诅咒他们，让他们知道花我的钱的后果！——+3

Question2

电视、报纸上总是报道一些舍己为人的英雄事迹，可能你会觉得那些离你很遥远。可忽然有一天，你听闻你的一个朋友成了勇斗歹徒的英雄，你对他会有怎么样的看法呢？

A.这家伙不是傻了吧？那可是货真价实的歹徒啊，又不是大冬瓜，想怎么打就怎么打，万一不小心再把命给搭进去，乖乖，不敢想啊！——+4

B.好厉害的家伙！没想到英雄居然出现在我身边了，有时间一定要好好去"膜拜"一下他老人家，听听他和歹徒搏斗的经过，那一定会很精彩、很好玩、很刺激。——+5

C.偶像啊！从小我就有一个"英雄梦"，以前总在电视上见，没想到英雄出现在我身边了！他在我的心里又提升了一个高度，我要向他学习！——+10

Question3

某天，你路过一条幽深的小巷时，忽然从里面传出了一声"救命"的呼声，你蹑手蹑脚地摸了过去，发现两名持刀的歹徒正在对一个人进行抢劫。这时你的附近没有电话亭，你也没带手机。除了你们四个人之外，周围没有任何人。你会怎么做？

A.要是我打得过歹徒，我就冲上去；要是我打不过，我就看着。——+6

B.不管我是不是歹徒的对手，我都会冲上去！从小我就崇拜英雄，现在我有了做英雄的机会，怎能放过？——+7

C.冲什么冲，他们手里拿的可是真刀，万一我英雄没做成，最后反被"白刀子进，红刀子出"了怎么办？想想都可怕。——+3

D.被抢的又不是我，和我有什么关系？怪只怪那人倒霉，被他们逮到了。是非之地，不宜久留，溜走。——+1

E.电视上总报道持刀抢劫的，没想到今天我看着"活"的了，屏息凝视，好好看着，这种"乐子"可是很难遇到的哟。——+0

F.大喝一声："哥几个，这有抢劫的！并肩子上啊！"然后，假装真的有人马上来增援的样子，一步一步向那两名歹徒走过去！——+10

Question4

你虽然称不上"富可敌国"，但你的生活也比一般人要强上很多，你的腰包也比普通人鼓很多。电视上报道某地遭遇了自然灾害，在得到这个消息时，你会有什么想法和做法？

A.好可怜，看得我心疼。然后马上寻找捐款电话，尽可能地去帮助那些需要帮助的人。——+10

B.看得我心疼，可是让我捐款的话，我心一样会疼。与其"两疼"，不如"独疼"：拿起遥控器，换频道，找个喜剧看看。——+6

C.天灾人祸在所难免，怪就怪那些人倒霉吧，要是他们不生活在那里，不就不会遭遇这场灾难了？——+4

D.这可是如假包换的灾难片啊，比那些大片真实多了，我得好好看看，我就爱看这样的。——+0

Question5

你的公司目前正面临险境，经理召开全体员工会议，并在会上声情并茂地陈述了目前公司的状况。最后经理向全体员工发起号召，希望能够延缓两个月再发薪水，对此你有什么看法和做法？

A.两个月薪水而已，虽然我手里也很"紧张"，不过忍一忍就过去了。只是延缓发放，又不是扣除不发。如果这些钱能对公司有所帮助，多扣几个月又能怎样？毕竟公司的存亡也关系到我的利益啊。——+10

B.坚决不答应，那是我辛辛苦苦赚来的血汗钱，我付出了劳动，凭什么不给我薪水？公司面临险境又不是我的原因，是谁的原因找谁去！——+6

C.老大，我上有八十老母，下有三岁幼子，可不可以商量下，少扣一些，我等钱买米买面哪！——+0（如果选择了这个答案，你需要重新从第一章开始再阅读一遍了：究竟是什么原因让你连解决温饱的钱都赚不来，好好找找原因吧。）

Question6

公司全体员工聚餐，每位员工都可以点上一道自己喜欢的菜，可统计人员一时大意，把你给忘了。统计报表已经交了上去，你当然可以追上去把自己的名字加上，但这样做会有点小烦琐，这时你会怎么做？

A.每个人都可以点一道菜，凭什么就少了我？这是原则问题，不行，哪怕上刀山下油锅，我也要把这道菜加上去！——+5

B.这么好的白吃不用钱的机会怎能错过？我不仅要追上去，还要点一道最贵的菜！——+4

C.菜是小事，但工作规则不能破坏，虽然不用追到报表那里，至少也要告诉统计者：这位小朋友，你好像忘了我的名字了吧？——+10

D.无所谓，一道菜而已。——+6

Question7

每个人在生活和工作中都会遇到各种各样的困难，这天你也遇到一个。当然，你可以独自搞定它，但需要耗费很多时间。你也可以把这个困难丢给别人，这样你就清闲了，累的只是别人罢了。你会怎么做？

A.自己的事情自己做，老子就不信搞不定它，拼死拼活也要做完！——+9

B.虽然自己做起来会很累，可也不能因为怕累就让别人累吧，忍忍好了，自己把它做完。——+10

C.嘿嘿，能躲就躲咯，不过事后要请那人吃顿好的，小小弥补一下良心上的谴责。——+7

D.有机会躲清闲当然要躲了，推给别人，然后看那家伙怎么累，这样我可以更好地感觉自己有多清闲。——+2

Question8

朋友的生活非常拮据，他每个月赚取的那些微薄薪水仅够日常花销。你知道他其实是有个"小金库"的，他说那个"小金库"是他的"应急措施"。这时你恰好丢了钱包，你想了好久，最终鼓足勇气，向他借"小金库"，可他拒绝了。你心里会怎么想呢？

A.不借就不借吧，每个人都有自己的原则，"小金库"对他的意义不同。我丢钱包又不是他的原因，理解万岁，理解万岁。——+10

B.不够意思，"小金库"只是应急用的，他也不可能那么倒霉，把钱借给我了就"急"了吧？以后不理这个人了。——+4

C.心里挺别扭，借给我好像也没什么问题吧，我自认为人品和名声都还可以的，不过无所谓了，以后少和这个人交往就是了。——+6

D.诅咒你，诅咒你，画个小人扎你！——+2

Question9

倒霉，倒霉，你的命怎么就那么"背"？才丢了钱包，又丢了工作，好不容易厚着脸皮和朋友借了一些钱用以度日，可不巧的是在路上又摔破了膝盖。现在你躺在床上，膝盖上缠着绷带，看着所剩不多的钱，你会有什么想法？

A.好好想想到底是什么原因让我这么倒霉，自己哪里做得不好、不足，以后一定要弥补。再者，这么一点钱，应该怎么花？嗯，要马上找一份工作。当然了，如果可能的话，想想从哪儿可以借些钱来应应急。——+10

B.拿出电话，从电话本第一个开始逐个筛选，选出几个可能会借到钱的人，然后"有声有色"地给他打电话诉苦、借钱。——+3

C."今朝有酒今朝醉"，今天有钱今天花，想那么多干吗？看看钱包里有多少钱，出去吃顿好的。然后，穿好衣服，一蹦一跳地去吃大餐，还要特有情绪地朗诵："小白兔，白又白……"——+3

D.就剩这么点钱了，我可怎么活啊。老天，你为什么对我这么不公啊？北风那个吹……雪花那个飘……——+1

Question10

作为一个部门的领导人，你深知自己到底有"几斤几两"，你也知道你的部门里有一位同事更适合你的位置。幸运的是，其他人目前还没看清这些，对于这个人，在以后的工作中你将以什么样的态度和做法去对待？

A.此人根骨异常、英雄不凡，假以时日，成就定超过我，不行，我得把他扼杀在摇篮里。然后不停地找他的茬，就算不能把他的饭碗搞丢，至少也把他调到别的部门。——+3

B.这厮分明就是要夺我的位啊，怎么办，怎么办，怎么办？打击肯

定不是好办法，我得巴结他，公司附近最近新开了家火锅店，不如晚上请他去吃……——+5

C.打压和巴结都不是上策，不如静观其变的好，老天保佑，千万不要让他把我给顶替了啊，阿弥陀佛！——+2

D.机会啊，大好的机会，哼哼，你不是厉害吗？你随便表现，我悄悄地学习，把你的能力全学到手，嘿嘿。——+10

看看你的分值，看看你的"小我"到底有多"强大"，其实越强大越不是好事。相反，越是"弱小"，才说明你心里的杂音越少。拿着你的分值，对应每一道问题，再仔细思考每一个选项所要表达的意思。这样你能更容易地找到自己的不足。

虽然这10道题只是一些生活中的小画面，并不能代表你所要面临的一切。但在这样与"小我"的对话中，你愈加完善了你，等哪天你的"小我"弱到微不足道的时候，你心里的杂音就几乎被你肃清了。

Chapter2
清除思想里的恶意小插件

在你的思想里，也许没有会把你人生观、价值观整个颠覆的"木马病毒"，但肯定会有影响你整个行为程序运行的恶意小插件。这些插件不会让你后退，却阻碍你前进的速度，让你在日常生活中多了各种纠结和闹心。找到它们，并清除它们吧。

查找思想的"木马"

 微寄语 你的"思想木马"有多少，或许你也不知道。但你可能会纠结于各种对和错，经常对自己的某一个想法表示怀疑。若每当此时，你只要问问那颗最初的心，想想自己是不是真正的快乐就可以了。所以，请像电脑安全卫士一样，每天提醒自己，查找思想里的病毒，再作出微微的调整，一切都会向着好的方面发展。

抛开天灾、人祸、疾病的原因，有人健康快乐，有人命运多舛；有人活到九十，有人却活不过十九。谁都想健康快乐地活到老，但这并不代表每个人都能实现这个梦想。

之所以会有这么大的不同，是因为每个人的生活习惯不同。而习惯则是由长期的行为形成，行为又是由思想支配。反过来推算一下，如果一个人的生活习惯有了改变，其实就是思想产生了转变。如果是好的生活习惯，那就是拥有了正确的思想观念。如果是坏的生活习惯，则是思想被植入了"木马"。像电脑安全卫士一样，每天提醒自己，查找思想里的病毒，再作出微微的调整，一切都会向着好的方面发展。

2011年8月3日　晴

又是一个半死不活的清晨，我像往常一样下楼吃早点。

"幺妹儿，一碗豆……"我刚刚坐下，话还没有说完，就被那个"油条西施"把话接了过去"一碗豆浆，四根油条，一碟咸菜，马上就来。"这家伙肯定对我有意思，肯定的。

"哎，你看，"旁边的一位老人拿着报纸推了我一下，"报纸上说了，吃油条会致癌！""那又怎样？"我咬了一大口刚端上来的油条，"人早晚都是死，逃得了吗？"老人看了我一眼，扭头继续吃自己的饭去了。

交钱，等车，坐车，泪催一路，我终于走进了办公室。又是忙碌的一天啊，"为了钱，老子拼了！"大不了等有钱以后再补偿补偿我的小体格。

中午吃午饭的时候，女朋友打电话说她一个特别好的朋友出车祸死了，电话里她哭哭啼啼地诉说着如何想念那个朋友。烦！我"啪"的一声挂断电话。有什么好哭的，早晚都要死，就算今天不出车祸，明天、后天的安全就能保证吗？

下午的报表还是那么"杂碎"，墨迹了两个多小时愣是一点头绪没有搞清楚。算了，还是求人帮忙吧。

下班等公交车的时候，正好看见隔壁办公室的"呀咩嗲"坐进了一辆"别摸我"。从我旁边经过的时候还摆了个超级风骚的小造型。我见过开车的那个男人，不就是个"富二代"吗？唉，我怎么就没有个有钱的好爸爸呢……

钱啊，钱啊，为了钱，我每天起得比鸡早，睡得比鸡晚。等我有了钱，有了地位，哼哼，我让你"别摸我"……让你"别摸我"……

明天要发工资了，这个月一定要给爸妈多寄回去一些。我做得多好啊，每个月都给他们钱，可他们还老说我不孝顺。

清除思想里的恶意小插件

这是一篇一个普通上班族的日记，看起来他是个很"向上"的男青年——思想活跃，能吃苦，有理想，孝顺。你可能会说，自己其实也是个这样的人，而且比他还"向上"。好吧，恭喜你，你和他一样中了"思想木马"的毒。

"思想木马"有很多，只从这篇日记中就能看出很多不正确的观念。

"思想木马"之没病就是健康。

健康是什么？有人以为健康就是"身体倍儿棒，吃嘛嘛香"，这确实是健康的一个体现，但也只属于身体健康的范畴。真正的健康不仅包括身体健康，还包括心理健康。人家"油条西施"只不过记得你每天早点吃什么，你就觉得人家对你有意思，这不是你"老孔雀"，而是你的思想本身就是错的。

认为"没病就是健康"的人，大多是只重视身体健康而不重视心理健康的人。他们不重视心理调节和平衡，直接结果就是思想走极端，而且可能会引发抑郁症、焦虑症，甚至是精神病。

"思想木马"之生老病死不可避免。

"生老病死"阐释了人生必经的阶段。从出生到衰老，从生病到死亡，生和死确实无法避免，谁都不可能选择自己何时出生何时死亡。

虽然衰老和疾病是人生必经的，但我们却可以用一些方法来延缓衰老、避免疾病。良好的个人卫生习惯、正确的起居时间、合理的生活方式都是不错的方式。健康需要每天维护，只要你做法得当，肯定能延缓病老，多活几年。

"思想木马"之前半生拿命换钱，后半生拿钱换命。

赚钱没有错，但拼了命赚钱就不对了。有些人会问"你不是说'活着就得拼'吗？"书里确实有这样的说法，但"拼"指的是"拼搏"，而不是"拼命"。如果一个人为了赚钱连命都不要了，就算他有万贯家财也未必享受得到。

这就像那个吝啬了一辈子的土财主一样，一生之中从来没浪费过一分钱，对自己吝啬，对别人同样吝啬。当他的生命快到尽头的时候，他积累出的财富已经无法计算。他用所有的钱财为自己建造了一个豪华的坟墓——活着赚钱，死了享受。事实上他什么都没享受到，坟墓里的宝贝最后被盗墓者一掘而空。

"思想木马"之意外伤害不可避免。

意料之外的东西确实不是人为可以控制的，但可以在日常生活中谨慎行事，从而达到避免隐患的目的。而不是事事心存侥幸，想着"过得去就过，过不去就死"——没有人是100%幸运的，撞大运的结果只能是"悲惨"二字。

这就像过马路一样，如果你每次过马路的时候都左看右看，都能"宁停三分，不抢一秒"，相信一般情况下你都是安全的。如果你从来都不管不顾，觉得"反正该出车祸的时候都要出，躲也没用"，那遭遇车祸的几率要大得多。

"思想木马"之有钱就有了一切。

没有钱是万万不能的，这句话在大多数情况下都能成立。但有人觉得钱是万能的，有了钱就等于拥有了一切，却是大错特错的。有钱的人一定健康吗，用钱能买到健康吗，有钱的人一定快乐吗，用钱能买到快乐吗？拥有一切，一切指的是什么？亲情、友情、爱情、物质享受。只说这些最平常的事情，就不是钱能够完全左右的。

"思想木马"之为下一代留财富是长辈的义务。

"有思想、有才华，不如有个好爸爸。"自从看了《奋斗》，很多人都会有这种"财产至上"论。他们认为自己如何拼搏奋斗、如何有能力都不重要，重要的是上一辈留给了自己多少财富。

好吧，不去推翻你对一个"好爸爸"的渴求是对是错，单说你上一辈的财富从何而来？是你的父辈们自己创造的，还是源自你世代的祖辈？任何人的财富都不是凭空而来的，如果自己不奋斗，只靠"外援"过日子，早晚都会坐吃山空。

"思想木马"之孝敬长辈就是给钱。

"孝顺"是中华民族的传统美德，父母生养了你，孝敬父母是每个人应尽的责任和义务。

虽然在小的时候你爸爸妈妈总会说"孩子，好好学习，长大了赚大钱，让爸爸妈妈沾你的光，"但这并不代表着他们养育你的目的就是让你赚钱养他们。他们只是在激励你，让你有目标去奋斗。

父母需要的当然不是你每个月给了他们多少钱，更不是你给他们买了多少名贵的补品和衣服。他们需要的只是你能在他们身边，陪他们聊聊天，哪怕什么都不做，只要能和你生活在同一个屋檐下，或许就是他们最大的享受。

你的"思想木马"有多少，其实你自己也不知道。好多你认为是正确的观念，可能别人觉得是错的。你可能也会纠结于各种对和错——不知道到底谁是正确的。其实这并不要紧，当你产生怀疑的时候，只要问问那颗最初的心，想想自己是不是真正的快乐，就这么简单。

总爱靠边坐

微寄语　不再靠边坐，遇事虽然多了风险，但也多了机遇；虽然不能观摩，却可以多些体会。人生是一场争夺机遇的战争，只有放弃靠边的位置，才能有更多获得机遇的机会。

公交车、地铁站，当你被拥挤的人群"送"进车厢，你喜欢待在车厢的什么位置？是拼命地挤到中间，还是冒着被压成相片的危险靠在一边？

公司开会，你和其他同事走进会议室，你喜欢坐在领导身边，还是远远地坐在会议桌的一角，以此来显示低调和无害？

朋友聚会，众人围坐在一起，你是喜欢坐在最中间、最瞩目的位置口若悬河，还是经常远远地坐在一角，静静地吸着烟，听着大家高谈阔论？你面上带着微笑，心里却非常不屑与他们为伍吧？

对于大多数人而言，靠边坐似乎已经成了习惯。无论什么时候、什么场合，总是自然而然地靠边。他们当然知道"靠边坐"并不是铁定的、不可忤逆的规定，也不是天经地义的，却很少会想改变这种习惯，因为他们根本不知道改变的意义。

让位置更靠近中间一点，生活会发生怎样的变化呢？

很多人觉得靠边坐是一种与世无争的状态和低调平庸的心态，就像他们口中总有事没事喊着的"低调"和"淡定"。事实上，他们不知道这种行为在本质上与低调和淡定没有任何关系的。靠边坐不是性格，也不是个性，不是好的状态，更不是积极的心态。

"靠边坐"是非常普遍的心理疾病，其病发体现主要是靠边而坐、冷眼旁观、高高挂起和坐享其成。造成这种疾病的主要原因是懒惰、胆怯、悲观失望和不思进取。靠边坐有时是懦弱的表现，并不是所谓的追求闲适恬淡，也不是不爱与人争，更不是什么心性腼腆，和蕴藏着等待爆发的力量也没什么关系。事实上，有些靠边坐的人是因为有些胆小怯懦——他们不是不想靠到中间，而是根本就不敢。

解决靠边坐，一句口诀、一种信念和一个行动。

一句口诀：长点心吧！

连续火了两年的《相亲》小品在大多数人看来只是本山大叔为大家送上的新年贺礼，那句"海燕哪，你可长点心吧"也成了无数人竞相效仿的句子。对于大多数靠边坐的朋友们，这句话同样适用："亲，长点心吧。"

提问，如果你现在正在靠边坐：谁规定你必须靠在边上看着别人成功？谁逼你一定得坐在边上看着别人接受喝彩？难道有人把刀架在你的脖子上，让你明目张胆地坐享其成？如果你正在靠边坐，那你得长点心，想一想为什么自己不能成功？为什么接受喝彩的不能是你自己？为什么你不能主动创造，享受"Well done"的喜悦？

长点心吧，就像你总是觊觎的那张老板的坐椅，你不用"急头白脸"地否认，谁都有向上攀爬的能力，首要问题就是你想或者不想。事实上，不论你想还是不想，那把椅子都在那里，不远不近。既然它不动，你动一下又何妨？

信念：我是传奇！

威尔·史密斯的《我是传奇》并不像《变形金刚》那样绚丽，也没有《女人的香气》那样浪漫。当整个城市只剩下罗伯特上校时，他并没有因为孤独和恐惧而轻生，反而担负起了拯救全人类的重担。一个人，一只狗，最终在危机四伏的都市里书写了一篇平凡却辉煌的传奇。

你的四周有"僵尸"吗？你孤独吗？你更用不着每天和假人谈情说爱吧？既然如此，你干吗把自己扔到角落，让自己那么靠边呢？还是你在等，等你前面的人都完蛋之后再大显身手？大可不必这样吧——既然你已经有了想要得到那把金交椅的野心，为什么不再给自己来点信念呢？说不定，你就是那个传奇呢！

行动：我才是主角！

陈佩斯和朱时茂有一个经典的小品——《主角与配角》，为了当上主角，饰演叛徒的陈佩斯可谓耍尽了小聪明。坦白地讲，坐在角落里等着天上掉馅饼的你，还不如洋相百出的陈老板。

实际上，主角并不等于无敌，但主角绝对拥有更好的发展方向。哪怕最终发展未遂，也好过每日碌碌无为，像是按部就班的机器，重复着每日的工作流程，没有梦想、没有竞争。

仔细想一想：你是小人物吗？有人规定你必须是小人物吗？你的骨子里是如何看待自己和期望自己的？你靠边坐得是不是太久了？悠闲是不是已经磨光了你的战斗力？想一想，不努力是一天，努力不也是一天吗？

你临边而坐，却不知道那舒适惬意的享受是最可怕的温水，你这只青蛙，早晚会被温水煮熟煮烂。长此以往，别说是你的梦想和未来，恐怕最后你自认为的"悠闲的一边"都难保全。

能不能从"靠边坐"的位置搬到优雅舒适的座位上去，能不能抢到镜头、升职加薪，能不能一改往日胆小怕事、庸碌无为的作风，全在你

清除思想里的恶意小插件

如何去改变。如果你不是祖上积德、含着金钥匙出生的太子爷、娇小姐。如果你也没有像李嘉诚、小甜甜式的配偶。如果你也没中500万，那么，你只有靠自己了。

说到底，"靠边坐"只是个思想中微不足道的小插件，有人觉得它没什么，但总是存在着却不是什么好事。治好"靠边坐"并不难：你只需要小小地改变一下自己，把你那宝贵屁股向中间挪一挪，每天只挪那么一小点，就这么简单……

少是力量，简单是利器

 微寄语 很多人都认为简约主义者都是自虐的苦行僧，甚至觉得他们很"二"。因为从小我们就学习"The more the better"，都知道多多益善才是最好。可随着年龄的增长，会发现其实多和复杂并不代表完美，而少和简单却能使我们生活得更快乐。

More or less，which do you like？（或多或少，你喜欢吗？）

很多人都认为简约主义者都是自虐的苦行僧，有人甚至觉得他们很"二"，因为我们从小就学习"The more the better"，都知道多多益善才是最好。可随着年龄的增长，我们会发现其实多和复杂并不代表完美，很多时候少和简单却能使我们生活得更快乐。

爱宠物的你，泰迪、萨摩耶和金毛犬你都喜欢，可时间和空间都有限，三只一起养，还是只留一只呢？

爱锻炼的你，渴望拥有忍者神龟的腹肌和施瓦辛格的臂膀，身体孱弱怎么办？是盲目地加大训练度，还是循序渐进、日积月累？

爱工作的你，一天之内想做计划三份、总结三份、报表三份……你只有两只手，全接下来，做得完吗？

爱学习的你，知道书是知识的源泉，你逮着书就看，不论糟粕精华，看这么多记得下来吗？

爱虚荣的你，知道自己穷矮丑，却天天梦想着自己能成白天鹅，千方百计地穿增高鞋、垫鼻梁、磨颧骨，"整"出来的，还是你自己吗？

渴望成功的你，不论大小真假，所有机遇你都满心希望地去抓，到最后做了多少无用功？

渴望健康的你，只要对身体有益处的东西，不论食物补品，你都兼容并包、胡吃海造，这样你就健康了吗？

Less and simple can make us have more.（少和简单，可以让我们拥有更多）

不论承认与否，多和杂并不是什么好事，少与简却能让我们的生命更加轻松自在，能带给我们 more happy，more healthy，more free，more wealth，more successful（更快乐，更健康，更自由，更丰富，更成功）……这并不是在说空话，以下几条小改变，不用费多少精力和时间，每天做一点，任何人都会更完美。

少计较一些，多快乐一些。

少计较一些钱赚多赚少、花多花少，少计较一些事成功多少、失败多少，少计较一些衣服时髦不时髦，那么就能有更多的时间花在好友和亲人身上，有更多的精力用来看日出和花开的美丽，也有更多的心情去体会生活本身的美好。其实，这就是快乐之源。

拥有的少些，压力也就轻些。

都说"不想当将军的士兵不是好士兵"，却没人意识到士兵的本职就是一名士兵。如果人们总把心思放在更多、更高和更强上，虽然这会成为奋进的激励，却会增大背负的压力。一旦处理不好的话，不仅没有当上将军，士兵也没有当好。

少买点东西，多一些追求。

日益紧张的生活节奏和工作效率使更多的人把购买方式放到了网上，一到闲时，很多人都会把时间用到网上，看看这，瞅瞅那，见哪个都想买，看哪个都想要。实际上这些都是必要的吗？盲目地购物，最终只能浪费得更多，也让人们忘却了自己本该有的追求。

享受的越少，积累的也就越多。

到最高档的西餐厅去系上餐巾，吃上一份最新鲜的法国鹅肝酱，再有位出色的小提琴师在旁演奏，有人觉得这就是在享受生活。但换一个角度来讲，如果你能降低消费档次，把所有生活中的"西餐厅"都换成"拉面馆"，这样用不了多久，谁都可以在家里拥有西餐厅一般的待遇了——积累是每天都要进行的，节省能积累更多的财富。

想得简单些，就会忘得干净些。

多疑敏感是很多人的共性，其中更有一些无论什么事都想往自己身上牵的人，这样做的最终结果就是让自己的思想背负过多的负担。如果哪天想忘记一些东西，或许在忘记之前还会烦躁地想：早知道这样，还不如当初假装不知道了。对，就是这样，如果把什么事都想简单些，或者干脆就当它不存在，心灵回收站就永远不会爆满了。

抽丝剥茧，远远胜过大手一把抓。

所有的面都是由点组成的，所有的大问题也都是由若干小问题组成的。与其在思考和处理问题的时候盲目地"顾全大局"，倒不如仔细分析，辨清真相。很多时候，只要解开一个小小的扣，如山样的问题便轻松解决了。

少看别人，多想自己。

人分三六九，十指不平齐。每个人都有自己的生活，在人生的大戏中也都只有自己这一个主角。作为一个主角，你是愿意活出自己的精彩，还是想看着那些更富有、更快乐、更成功的人，去追寻他们的脚步呢？

简单地生，才能精彩地活。

羡慕嫉妒恨，空虚寂寞冷，无奈无助烦，孤独平淡痛，每个人都有自己解不开的小疙瘩，尤其是很多人会把精力和时间放在这些疙瘩上费劲地去求解。然而，你为什么不能想开一些，看淡一些，放洒脱一些呢？这才是老百姓自己的小生活啊！

人生就是1+1，只是道简单的算术题。

大学教师在黑板上写上"1+1=？"，高才生们纷纷拿出草纸，不停地演算，不停地撕碎一张又一张草纸。幼儿园老师也在黑板上写着"1+1=？"，小朋友们不假思索、异口同声地回答"2"！

1+1=2，这是人尽皆知的公式，也是条千古不变的真理。面对如此简单但真实的问题，幼儿园的小朋友都能毫不犹豫，你还犹豫什么呢？少一些复杂思索，简单地看待、对待，微改变就是这样，思想只要经过小小的改变，就能恢复如出：能"2"就"2"，简简单单地"2"。

多数问题，"猴急"不来

 微寄语 每个人都有迫切想要得到的、急切想要达到的、热切想要看到的某些事和物的时候。而此时，很多人都像屁股着火的猴子坐立不安、上蹿下跳。其实，"猴急"不是好习惯，改掉猴急的毛病，才可以使人少些盲目冲动，多些思考的时间；才可以使人减少失败次数，多些取得成功的机会。

《西游记》里最痛苦的是谁？有人说是总险些被吃的唐僧，有人说是总被各种事情折腾的八戒，有人说是台词最少的沙僧。众说纷纭，事实上大家都说错了，最痛苦的是大师兄孙悟空。

为什么说孙悟空最痛苦？西行路漫漫，各种遭罪，各种妖精，各种折磨。如果只有孙悟空一人，他完全可以一个跟头飞到如来那去取经。可有了唐先生这个"累赘"，悟空就得捺着性子忍着猴急，一步一步地蹭到西天。

这种折磨就像是让一个大胃王吃饭的时候必须数着米粒，就像让一个大富翁花钱的时候必须一次只花一分，就像让一个开着奥迪的车手必须把速度限制在三迈之内一样——煎熬、痛苦、发疯欲狂、猴急不已……

其实每个人都有着自己的无奈和欲望，都有自己迫切想要得到的、急切想要达到的、热切想要看到的。每当这个时候，很多人都急得像热锅上的蚂蚁，急得上蹿下跳、上树爬墙，像只屁股着火的猴子，坐立不安、焦急不已。

每个人都有猴急的时候。

"穷矮丑"想要"高帅富"，房子、车子、票子，聚财、成才，很多人都在急，都在恼；"没文化"想要"梅闻花"，从小人书到连环画，四书五经到百家姓，从三百首到千字文，很多人都在求知若渴，却又不得其法；没自信想要变超人，拜关二爷，纹下山虎，谁都做过英雄梦，但真成英雄的却没有几人；盼成功成了判徒刑，为了高人一等，为了光耀门楣，为了抬着头做人，很多人走上了不归路；要减肥，各种减肥药，各种减肥操，某某减肥茶，某某肉碱，某某咖啡，甚至是某某减肥衣。胖胖们可能经常像没头苍蝇一样乱撞。

中奖了，手机短信提示中了"非常六加一"的特等奖，还等什么？不假思索地拨通了电话，结果被骗……急什么，急着被骗钱吗？

猴急不等于积极，千万不要遇事就往前冲，不要听风就想下雨，那不是奋发向上，而是冲动莽撞。把猴急当成积极的人，都只是在为自己的鲁莽、盲从和失败找借口。况且有些问题也不是靠着猴急就能解决的，这就和"天要下雨，娘要嫁人"一样，再急也没有用。

多数问题，确实不用急。那些不是迫在眉睫的、必须马上进行的、无法可解的问题都不用猴急。猴急会使人冲动，并做出错误的判断。

装傻充愣·虚位以待·静观其变·循序渐进·三思而行·有备无患·问心无愧

每个人都有自己的"小九九"，不是所有表象都能蒙蔽人的双眼。如果某天你看清了某件事情的本质，不要急着去解决——如果蛇的七寸还没有露出，那就假装什么都没看到，做好在适当的时间给以致命一击的准备吧。

等待是一种美德，不要觉得你比他人提前或守时就代表着你高人一等，这也不是你猴急的资本和依仗。如果时间还来得及，千万不要气急败坏地诅咒骂街，看看四周的风景，这会让你的心境更加平和。

每个人的一生都不可能尽是坦途，如果你某天倒霉地遇到了100秒的红灯，那么千万不要脾气暴躁地按喇叭。这一分多钟的时间你可以给爱人发条短信，可以整理一下自己的衣冠，也可以听听广播——反正时间在那，做些有益的事情就是了。

爱情、事业、生活，所有的一切都有着其本身的规律。你急或者不急，它们都在那里。平心静气、循序渐进、稳扎稳打，只有按着正确的步骤进行，你的根基才能稳固。如果急于求成，很多时候会让你功亏一篑。

你看到的就是真相吗？你听到的就是事实吗？不经过思考和调查，你就永远没有急的权利。这就像阴天了不等于就要下雨，刮风了不等于要打雷，冒烟了不一定是着火，摔跟头也不一定会撞到后脑勺一样。多想想，多问问，多看看，把心思动够了再动嘴、动手吧。

提前准备是一种良好的习惯，失败者更没有猴急的权利。与其在失败之后气急败坏地怨天尤人，倒不如吸取这次失败的教训，在下次成功之前把所有方面都想清楚，做到有备无患——把猴急的时间用到留后路上，这对你更加有意义。

虽然赌博不是好事，但人生本身也是一场巨大的赌注，这场豪赌中又包含着无数小赌，你的每一个决定、每一句话、每一个举动其实都是一次下注。既然你已经下了注，你思考过了，你努力过了，你问心无愧，那么，你只要等着看结果就可以，急也白急。

人生之路漫长，却不及取经之路曲折；人生之路坎坷，却不及西去之路难行；你最大的敌人再厉害，也不如八十一难中随时都会要人命的妖魔。孙悟空那样的猴脾气和大手段都能捺着性子走完西行路，我们又有什么不可以的呢？

我们都是不完美的孩子

微寄语 千万不要觉得自己如何完美，因为谁都不是完美的孩子。身高、外貌、文化、财富、健康……每一方面的不足都可称之为缺陷，但也可以作为自己的特征，使自己更容易被他人记住。

　　每个人都曾渴望过完美，有些人直到现在也一直在盼望着自己能够完美，但这世界上真的存在完美吗？富有的人不一定健康，乐观的人不一定漂亮，成功的人不一定善良。事实上，这个世界本就不存在完美！

　　奥特曼再厉害，也没能把小怪兽赶尽杀绝。鲜花需要粪便的浇灌，再幸福的爱情背后也有泪水。有人说完美只能在梦中出现，却忽略了梦本身是不完美的，就好比长生不老伴随的也只是孤独一生。

　　悲观了吗？是不是觉得原本有些颜色的世界忽然暗淡无光，是不是觉得残酷的现实无情地打碎了儿时那些原本美好的梦想？是不是觉得所有奋斗、拼搏、积极都成了走向黑暗的基石？可能很多人都会这样想，那说明在"完美"二字中，人们更多地看到了"完"，却忽略了更重要的"美"。

人性因"完"而更"美"，正视"完"，才能见到"美"。

世界不存在完美，却存在着美。之所以会把"完"和"美"放在一起，就好比每一种美丽的肥料都是冷酷的"完"。上面这些话，如果倒过来念一下，仔细思考，那么结局又该如何？

这就像我们小时候学语文，老师总是让我们用"虽然……但是……"造句一样，想想我们当年造过的句子吧：

虽然下雨了，但是我们还是走到了学校。

虽然刮风了，但是我们还是走到了学校。

虽然下雪了，但是我们还是走到了学校。

虽然下雹子了，但是我们还是走到了学校。

这些关于气候环境和"但是我们还是走到了学校"的句子，当年大家都没少造，但有谁想过，这些"下雨"、"刮风"、"下雪"之类的词，不正是我们人生中遇到的"完"吗？"但是我们还是走到了学校"，虽然只是件普通的事情，但在那时我们的心中，这就是当时的最美。

从美学角度来讲，残缺也是一种美。维纳斯是个残疾，但她的美正是因断臂而成。如果给维纳斯接上胳膊，再给她换上衣服，或者再弄个烟熏妆，加上美瞳，把她的脸调成仰面45度，可能也会很美。但那种美，还是维纳斯的美吗？

每个人都有自己的美，只是很多人都把眼光放到了"完"上：厨子补胎比不上修车的，人们经常过分地关注自己的"完"，反而忽略了美的存在。

你虽然不如比尔·盖茨有钱，但他的中国话绝对没你说得好。最浅显的一个道理：健康的生命，相对于那些奄奄一息的人们，活着本身就是一种美。

与"完"做朋友，微改变，"美"便会现身。交友之道，在乎相携相耀，不管你觉得自己的缺点有多么不堪，都不要在意，勇敢地正视自己的不足，积极正确地去改变可以改变的，乐观宽容地容忍不可改变的，还自己一个"清清白白"的自己。

换一些方法，方向可以改变。每个人都有自己的长处与短处，如果你正在进行的事情不是你的强项，那就不要太逼迫自己了。找一些明路，窄巷能变通途。钻牛角尖和眼光狭窄是很多人都有的毛病，这就像用指甲刀砍树一样，既然这方法不行，为什么不换一种更有效的方法呢？如果没有力气单独搬起五棵白菜，那就不要把时间浪费在埋怨自己力气小上，一次搬一棵就是了。

多一些自律，习惯更加自然。无规矩难成方圆，不自律不成习惯。习惯的养成伴随着每时每刻的自律——如果想减肥，又懒得运动，那就多提醒自己不要多吃。如果连提醒都懒得提醒自己，那好吧，只有梦回唐朝了。

多一些希望，生活才更有光。工资少，房子小，狗狗身上长跳蚤；吃冰棍发烧，喝可乐感冒，整夜整夜睡不着觉。完了，这个悲催的世界，可怎么活啊？该怎么活就怎么活呗，钱少就少花，房子再小也是房子。少吃冰棍，少喝可乐。少计较一些，多乐观一些。想要生活更有光，只需要不断进发，向着希望！

多一些勇敢，心就会更明亮。饿了，冷了，困了，这都是很容易就说出来的问题。但长得丑、赚得少和没人要却是很多人难以启齿的话题。或者在这些人看来，这就是他们的"完"吧，但这又有什么呢？如果连自己的"完"都不敢承认，那么这些毒素就会永远地藏在心里，不断地蚕食着你的自信和勇气。这样的心，怎么会明亮？

老人们常说一句话"苦不苦，想想红军两万五；累不累，想想雷锋董存瑞；难不难，想想革命孙中山"，红军长征的胜利、英雄烈士的英名和革命志士的成功，不都伴随着无尽的苦难和波折吗？与他们相比，你的生活、你的人生不是更美好吗？

　　人性本身存在着缺陷，羡慕嫉妒恨，孤单寂寞冷，这些坏的思想存在于每个人的内心，只是表现的程度不同罢了。有恶意思想插件存在并不是件可怕的事，可怕的是被这些负面的情绪掌握着，那么这个人看到的世界将永远都是暗淡无光的。

　　人性本身也存在着不甘的基因，这就如困兽犹斗一般：不断地挣扎拼搏，在缺陷中追求完善，在失望时心怀希望，在"完"中求"美"。世界一直存在着，美同样无处不在，区别只在于人们是如何看待这个世界，如何看待美。

我懒吗？我不懒

 微寄语 呼吸不会懒、眨眼不会懒、心跳也不会懒，只要人是动着的，就是勤奋的。千万不要总把自己的不勤奋当成懒惰，与其想办法与懒惰做斗争，不如想办法让自己更勤奋——世界上本没有懒，只有不够勤奋而已。

我懒吗？我不懒，我只是看自己不爽，不想对自己好罢了。

我懒吗？我不懒，我只是不想让自己更健康罢了。

我懒吗？我不懒，我只是不想让自己升职加薪罢了。

我懒吗？我不懒，我只是不想让自己更受欢迎而已。

我懒吗？我不懒，我只是胖得不想多运动而已。

我懒吗？我不懒，我其实就是胆子小了点而已。

就有那么一部分人，每天做的都是伤害自己的事情。如果有人向他们提出要求，他们总会以各种借口来搪塞，有时会不屑一顾地抽抽鼻子，有时会把懒惰的原因推到别的事情上，有时候干脆说自己是故意折磨自己……

世界本不存在绝对的懒，只有不够勤奋。

有人说自己懒得跑步，有人说自己懒得做饭，有人说自己懒得工作，有人说自己懒得笑脸逢迎，这是有些懒，但从没听谁说过自己懒得呼吸、懒得眨眼和懒得吞咽。如果一个人能呼吸、眨眼和吞咽，那么这个人就不是绝对的懒，只是在某些方面不够勤奋而已。

之所以不勤奋是因为后路太多。有关系，有人脉，有圈子，这种人就算失业了也不着急，反正会有人帮他找，何必自己费劲呢？有这么多便利条件，那干脆去做些轻松自在的事吧。在等待工作的日子里，你可能会玩玩游戏，聊聊天，旅旅游。

如果有一天没了这些后路，如果再次失业，你想投简历，知道简历怎么做吗？知道如何应聘面试吗？很多人都是自己不亲自尝试，总把希望放在别人身上，一旦希望破灭了，便会彻底完蛋。

改掉这种不勤奋的方法很简单，在心里断掉自己的后路，就当这些路子都未存在过。就当只是一个人在战斗，没有任何的扶持和帮助，做些该做的事，这样的人生不是更加丰富多彩吗？适时地把自己孤立起来，进入背水一战的状态，想不勤奋都难！

之所以不勤奋是因为危机感不强，就像热带的人从不担心下雪一样，甚至连棉服都没有预备过。要知道，虽然在你的有生之年天不会塌地不会陷，沧海也成不了桑田，但不代表你就可以高枕无忧地活着。多长点心吧，有时候勤奋就像眨眼和呼吸一样。如果人断了呼吸就会死亡，把勤奋也当成呼吸，不勤奋就会死，我想谁都不会再懒惰了。懒惰就如毒瘤，积得多了，迟早会变成随时都会爆炸的炸弹！

人之所以不勤奋都是因为心理作用。每个人都有自己的好恶，很多人对于喜欢的事情都会很勤奋，而对于厌恶的或者不感冒的问题就懒得接触。这就像一个懒得用电脑学习的人，却会关注豆瓣、猫扑一样。

很多人都说自己懒，连衣服上的灰尘都懒得掸掉，宁可这样邋里邋遢地穿着。可如果这个人是一个喜欢干净的人，他们的衣着从来都是整洁的，容不得哪怕只是一粒微尘——好恶决定着人是否勤奋。

之所以不勤奋都是因为习惯太多了。有些人习惯了衣来伸手、饭来张口，有些人习惯了被别人牵着鼻子走，有些人习惯了不刷牙、不洗澡，有些人习惯了明日复明日。其实，与其说这些是习惯，倒不如说是毛病。这就像那个脖子上套着大饼却被饿死的懒汉一样，他习惯了妈妈把饼喂到嘴里，如果妻子不在了，自己就会被饿死。这故事虽然有些夸张，却影射出了一些大大小小的问题。习惯可以成自然，毛病同样也能成自然。不论自然与否，毛病就是毛病，必须改正。今天改一小件，明天改一大件，久而久之，当改毛病也成了一种习惯，这种人想不勤奋都难！

之所以不勤奋其实是在炫耀懒惰。有人觉得世界上最幸福的就是盖着白菜、枕着胡萝卜睡觉的小白兔，和穿着睡衣不停睡觉的懒羊羊。一些资深的宅人们最喜欢的事情就是穿着小白兔睡衣在屋子里晃荡来晃荡去，吃着巧克力，打着网络游戏。

这就和电影里"吃着火锅，唱着歌"的县长一样，虽然给人的感觉并不是懒惰，而是一种带着炫耀性质的腐朽生活，但长期下去，当这种生活成了习惯，那么勤奋便会悄然而走，剩下的只是彻底的懒惰。

不论物质和精神有如何高层次的享受，都不要把自己彻底沉浸在温柔乡中。如果睡着了，请及时醒来吧。从收拾卧室做起，每天坚持，用不了多久，你会觉得这也是种享受。到底懒不懒，其实只有你自己才知道。

今天的天气似乎不错，太阳暖烘烘的，不要憋在家里睡懒觉啦。勤快地走出房门，再勤快地搬张躺椅，然后就可以舒舒服服地躺在椅子上享受阳光啦！如果恰巧有人路过，看到你懒洋洋的样子，他们肯定不知道，其实你一点都不懒……

为自己的错误诚恳道歉

 微寄语 有错误就诚恳道歉，不只是认知自己过失的表现，也是使人与人之间的关系更加融洽的好办法。当一个人敢于为自己的错误诚恳道歉，就证明他的心境很明朗，他人同样会更乐意与之相处。如果你错了，不管你以前习不习惯，从现在起，勇敢地为自己的错误去承担责任吧！

下属工作出了错，劈头盖脸就是一顿训斥，训完了才知骂错了人，不想道歉吗？

从小娇生惯养，把天捅出窟窿都没人说你的不是，从没道过歉，不会吗？

我们从小就学"知错就改、勇于承认"，但人性的缺陷却使大多数人们把"对不起"三个字视为禁区，在这些人眼里，说个"对不起"，比登天还难。如果情势所逼让他们道歉的话，他们就会有种快要窒息的感觉。

为什么不道歉？不道歉的原因有很多，有些人面子薄，碍着大男子主义或小女子情怀，不好意思道歉；有些人想不通，总觉得自己才是受伤害更大的一方，总是习惯性地把自己当成受害者，不愿意道歉；有些人怕承担，担心道歉以后就要赔偿一些损失，或者会失去一些重要的东西，不敢道歉；有些人清高自傲，觉得自己的身份高于对方，道歉就等于贬低了自己的身份，不屑道歉；有些人死鸭子嘴硬，总觉得自己是对的，哪怕全世界的人都指责他，他也死不悔改，梗着脖子，不肯道歉；还有些人从小就没道过歉，觉得天上地下唯我独尊，根本就不会道歉，道歉对他来讲，就如笑话一样。

为什么要道歉？答案很简单：错了，就要道歉。

犯错误不可怕，可怕的是把犯错误当成一种习惯。若犯了错误再不道歉，那就是一种人性的堕落了。一些自我修复能力强的人，在犯了错后会内疚自责。虽然不道歉，但也会尽量去平衡事态，用行动达到道歉的目的。而一些自律性不强的人，则会慢慢地愈加堕落，直到最后破罐子破摔。

不论道不道歉，人每犯一次错误，便等于在内心增加了一颗毒瘤。如果这些毒瘤不清理的话，人性迟早会被彻底地扭曲。偏偏就有那么多人，巧立各种名目，目的只有一个，就是不道歉。

道歉是正视自我的表现，别拿自尊当借口，自尊不等于隐藏真相。道歉是自我解放的表现，别拿丢人做搪塞，面子没有诚信重要。道歉是对别人的接纳，也是对自己的宽容，这是一种平复彼此内心的赎罪方式。

有错就认的道理所有人都清楚，这个话题就算阐述得再多，也没什么意义。事实上，大多数人最关心的问题都是如何让自己张开道歉的口，以及如何道歉。假如此刻的你正因某些谴责而纠结，你想知道该如何向对方道歉，不用急，你要做的事情其实很简单。

心要诚，理要清，话要明。

如果你意识到了自己的错误，并已经对他人造成了伤害，而你的道歉恰恰就是平复对方内心创伤的良药。所以，你首先要认识到自己所犯的错，这是相当重要的。把自己转换成被道歉者，感受一下被道歉者内心的痛苦，去思考如果自己遭受了这样的创伤，最希望得到的是哪种形式的道歉，要如何才能彻底地谅解对方所犯下的错，希望对方承担什么样的责任。

你知道自己应该用哪种方式道歉，现在你需要做的就是摆正心态，拿出你的诚心，不能让对方觉得你是在儿戏。你要知道，错了就要道歉。对方看到了你的诚意，内心自然会平复很多。但这并不代表事情就结束了，当你道歉完之后，不妨试着和对方多交谈一些，关于这个错误的后续，你打算如何弥补，征询一下对方的意见，看看对方对你有什么建议。

这并不是无的放矢，而是通过交谈来让对方潜移默化地接受这个事实，也可以通过交谈来缓和你们彼此之间的关系。这不是虚伪，也不是卑怯，更不是拍马逢迎，而是人性的感知和交流。犯了错误的人们常常会把自己的心放到阴霾之中，有时候虽然心里想着去道个歉，缓解一下内心的痛苦和自责，但始终冲不破"对不起"这三个字。隔阂就这样产生，不断滋长，直至不可化解。

你不是传话筒，也不是复读机，所以在道歉的时候千万不要不停地说"对不起"。拿出你的诚意告诉对方，你知道对方的感受，你意识到了自己的错误，你知道自己对对方造成了什么样的伤害。勇敢地告诉对方你错了，你愿意承担一切罪责。

其实很多人在道歉的时候最难逾越的还是那句"对不起"，一旦把这三个字说出来了，大部分人就能继续往下说了。如果你也在道歉的时候难以启齿，那不妨先找面镜子，对着镜子里的自己排练几遍"对不起"。

道歉有助于较快地消除彼此的隔阂和戒心，有助于加强彼此之间的理解和信任。诚恳地道歉是一种态度，是一种风格，是一剂良药，也是一种自豪。如果你错了，不管你以前习不习惯，从现在起，勇敢地为自己的错误去诚恳地道歉吧！

解决所有的"半途而废"

 微寄语 人生中有很多"半途而废",它们会让你不甘,让你恐惧,让你无奈,也会让你不好意思遗忘。所以,请把你所有的"半途而废"建立一个档案,然后,着手有针对性地作出微改变,直到"半途而废"的档案中不再有新的文件。

很多人都会抱怨,说自己做事越来越没有信心了,因为自己总是半途而废。其实这些半途而废的事情都是人们的心疾,每多一次半途而废,心疾就加重一分。如果总是半途而废,那么这个人的心就已经病入膏肓了。

人生其实就是今天一件事,明天一件事,后天一件事,每件事可能都没有完全搞定,不是这样就是那样的原因半途而废了。很多事可能时隔太久就会被人渐渐淡忘,但有些事只要一被忆起,就会引发一阵长吁短叹。有些后悔只是暂时的,而有些却是一生的。

每个人的生命都是有限的,在有限的时间里,如果不想让自己留有更多遗憾,那就不要半途而废。别拿信心、勇气和时间做借口,这些只是你逃避现实的幌子罢了。你需要的,是坚持下去。

建立一个"半途而废"档案。

翻开手机的通话记录，会想起几个忘记要拨打的电话；翻开短信记录，会发现几条忘了要回复的短信；打开电脑，会找到几个没有及时完成的电子表格；忘了答应儿女带他们去游乐园的承诺；两个月前就说要回家看父母……

人生中有很多半途而废，这些半途而废可能出于你的不甘，出于你的恐惧，出于你的无奈，也可能出于你的不好意思和遗忘。不论因为什么，把你所有的半途而废建立一个档案。

对爱情的不敢说、内疚。

爱情是每个人都要经历的，在爱的岁月里，你们有着那么多甜言蜜语、海誓山盟，你们总是积极地勾勒美好的未来，编制着只属于你们自己的梦。但是后来，爱情悄然离去，不管是谁不珍惜谁，你们分开了。

你爱过一个人，当初不顾一切地想和那个人厮守终生，最终却没能走到一起。你一直想和那个人说声"对不起"，说声"我希望你过得好"，可一直都没有说。拿起电话，你一定还牢牢记得那个号码，拨通它，告诉那个人你想说的话，你要做的仅此而已。别以为这是在打扰对方的生活或者让对方勾起了伤心往事。你怎么知道那个人此刻不在企盼着你的祝福，不是一样在惦记着你呢？

对父母说声"对不起"和"我爱你们"。

你想过十年后的自己是什么样？会有多少财富，是否身体健康，孩子是否长大成人，你和爱人是否依然爱着彼此吗？你能告诉我，当你想到这些问题时是什么心情吗？

你会很富有，很有权力。你很健康，孩子很懂事。你的爱人会永远爱你，而父母肯定会魂归黄土。不要觉得有些话说得难听，这些都是事实。父母养育了你前半生，你是他们最大的财富。而你呢？

不管你如何做，父母对你的爱都是无私的，他们永远不会记恨你，不会真正责怪你。他们爱你，那是无怨无悔的爱，彻底的爱，真正的爱。你对他们呢？你确实爱着你的父母，不用强调，因为这是作为一个人都应该做到的。可你告诉过你的父母你爱他们吗？

别觉得不好意思，自你出生之日，你就赤裸地出现在父母面前。在他们眼里，不管你现在是权高位重，还是身低位卑；不管你现在是阳光帅气，还是颓废失落；不管你现在是百万富翁，还是贫穷破落。你都只是那个赤条条的小婴儿。

其实你心里早就想告诉他们你的爱了，不用脸红，这是每个人心里都一直有着的想法。你早就想大声地告诉他们你有多感激他们，多想念他们，多在乎他们，多爱他们了。

这里不给你打气，假如对父母表达情感还要别人鼓励的话，你就太失败了。你只需要想一个问题：等到父母百年之后，魂归黄土之时，你想说爱，去何处说……

对帮助过你的人说声"谢谢"。

脸皮薄，面子矮，很多人都是这样。当你接受别人的帮助时，如果这个人和你关系一般，你轻易地就能说出"谢谢"；如果这个人和你关系很近，你就算憋得脸红脖子粗也道不出"谢谢"。

换一个角度，如果你帮了别人呢？你的初衷确实不是为了得到一个"谢"字。但假如你帮了别人，而别人连句"谢谢"都不说，你会怎么想？如果别人说了呢？虽然你可能会回答"哎呀，别和我客气"，实际上你的心里确实是温暖的。

再换回来，一句"谢谢"就能让别人心里暖，这个"买卖"看起来并不亏本，为什么你不做呢？去见见那些人吧，或者找他们聊聊天，或者喊大家聚一聚，记得要真诚地说一声"谢谢"哦。

对伤害过你的人说声"感谢你"。

别人之所以伤害你，是因为你有可以被伤害的弱点。你被伤害了，你伤心了，你痛哭流涕，甚至一蹶不振。你也可能义愤填膺，还可能挥拳相向。但不管你怎样，你的弱点依旧是弱点。就算这次你报仇了，下次还会有人找到你的这个弱点来伤害你。

挫折使人成长，磨难使人自醒，别人对你的伤害也可以使你认识到自己的弱点。对你来说，还有什么比发现自己弱点更好的事情呢？你发现了它，改正了它，让你自己更强大，这是件多么令人振奋的事情啊！

为什么还要对那些伤害你的人耿耿于怀呢？如果没有他们的小伤害，你可能根本发现不了自己的弱点，万一被另外一些人借机对你大加伤害，你不是亏得更多？所以，你不能把罪责都归结到别人身上，所有人对你的伤害都只能怪你自己不够强。

微改变的结果就是"半途而废"的档案中不再有新的文件，不管你做的事情有多难、有多累，你都要坚持着完成它。因为你每完成一件事，就等于给自己打了一次强心剂，就等于让自己的心疾减弱一分。如果你做什么事情都能有始有终，你的心疾将荡然无存。

清除思想里的恶意小插件

读一本畅销书

 微寄语 每一本畅销书背后都有一个新潮的头脑，每一本畅销书之内都有一个时代的缩影。读一本畅销书不仅能使你更清晰地理清时代的脉络，知道如何在时代的大潮中乘风破浪，还能开阔你的视野，增加对世界的认知。

为什么要读书？读书能增长知识，读书能陶冶情操，读书能强化技能，读书能……此处省略2000字。

每一本畅销书的背后都隐藏着一个与众不同的思想和一个时代气息。灵敏的鼻子，时代的味道。每一本畅销书的策划者都有一个异常敏锐的鼻子，它能在第一时间嗅出时代的气息，接收最快的信息，以及时捕捉。

毒辣的眼光，未来的发展。每一本畅销书的执笔人都不是庸庸之人，他们看的不仅是市场和需求，也不仅是定位和卖点，还有下一时期的读者最迫切想看到的文字。

独具匠心，独树一帜的思想。畅销书不等于流行书，每本成功的畅销书都不是追逐跟风的产物。说白了，畅销书的作者不仅有新潮的言论，还有新潮的思想。

"一个与众不同的思想＋一个时代＝畅销书"。畅销书是时代的缩影，是最另类、新颖、现实的思想的组合。但读畅销书并不是盲目地逮着一本畅销书就如饥似渴，而是要有选择性地读书：每一本畅销书都有其畅销的原因，在选书时，要本着"以业为主，爱好次之，杂书休闲"的原则选择。

第一，以业为主。工作是每个人赖以生存的主要来源，在选择畅销书的时候，首先要选择的就是与自己本职工作相关的书籍。这种书籍能带给你的收效最大，不仅能加快工作效率、减小工作压力，还能在最大限度上对你升职和加薪有所帮助。

第二，爱好次之。每个人都有自己的爱好，有人喜欢旅游，有人爱好摄影，也有人把大部分业余时间都用在了宠物身上。如果你看专业书籍看得累了，恰好你还有精力和时间的话，不妨购买一些与自己爱好相关的书籍。

第三，杂书休闲。既然是休闲的杂书，那就是专门用来打发时间或者陶冶情操的了。一本好的休闲畅销书，几乎每一篇都能让人学到一些东西，最起码也能带给读者一些乐趣或感动。相对"业"与"爱好"而言，这类书带给人自身修养方面的提高更多，也更能让人放松。

读书不能盲目，不能随便拿出一本畅销书就往死里读。虽然人的脑细胞有若干多，但不代表能装得下那么多的知识——知识的积累需要时间，每个人的时间都是如此的宝贵，不能随便浪费在无关紧要的知识上。

读书之一为精。有些畅销书的内容是与人们生活、工作或学习息息相关的，这些知识就是要学得精的内容。就像一个CEO不仅要知道公司的组织架构，明白每个部门的工作流程，还要知道全公司上下是如何运转的。

读书之二为懂。有些知识可以说是人情世故，也可以说是文化基础。举个最简单的例子，你可以不知道乔四爷，但不能不知道乔布斯。交流是人与人交往中最直接的方式，如果你懂得多了，就不会在对方口若悬河的时候不知如何应答。

读书之三为知。人脑不如电脑，不可能把所有资料都条目清晰地保存起来。有些知识并不是非要知其内的，就像你应该知道联合国秘书长的名字，却没必要知道他儿子的名字一样。这些东西知道得太多了，反而会让人觉得你不务正业。

畅销书不等于武林秘籍，求知也不是"Ctrl+V"。

有人认为如果读懂了畅销书，就等于读懂了这个时代。实际上，畅销书不是武林秘籍，就算你把单一一本畅销书弄得再清，也只不过是了解了作者的一部分思想。换言之，单一的一本书，最多只能让你成为一个作者，而不是时代的掌控者。畅销书不是天书，只对你有一个引导作用。如果你想找出最适合自己的道路，多读书、精读书才是王道。

你开通了"开心农场"吗

微寄语 农场分很多种，有开心农场，有伤心农场，有无所谓农场，有妒嫉农场……每个农场中都只有一名农夫，农场的性质完全由农夫来决定。农夫想要一个伤心农场，那就是伤心农场；农夫觉得这是个开心农场，那就是开心农场——只有在主观上想开心，才有希望得到开心。

小时候不开心，要钱没钱，要自由没自由，就盼着考上大学，那时候就可以自己拿着生活费随便花，还不用在家看父母的脸色。上大学了不开心，别的同学都花前月下，可偏偏自己却搞不上对象，盼着工作，那时候搞对象的机会就多了。

谈恋爱了不开心，为啥别人能这跑那颠地出去玩，自己还得苦巴巴地上班赚钱。口积肚攒，辛苦度日，连给对象买的玫瑰都常在里面混几枝月季，就这样还是觉得钱不够花，盼望着，盼望着，啥时候能换份薪水高点的工作啊！

工作换了还是不开心，有时间搞对象就没时间上进，不上进就可能被开除。为了往上爬而疏远了恋人，结果事业有了，爱情没了。但这都算不上什么，有了梧桐树，还怕没有凤凰来搭窝？

房子有了，车子有了，票子有了，时间也有了，另一半长得跟电影明星似的，花钱花得相当专业。旅游根本就是家常便饭，想去荷兰去荷兰，想去河南去河南。什么爱玛仕、LV都跟地摊货一样想买就买，可为什么现在还不开心？

什么是开心？简言之，开心就是心理和生理欲望得到满足时的一种状态。"欲望得到满足"就是"心想事成"，就像在农场里把一颗种子埋在土中，盼望着它能茁壮成长，当它长成结果实的时候，就是心想事成。

在心想事成之后，还得有一个知足的过程：那棵结了果实的树，它的果实够多吗？如果觉得这数量可以满足，并心怀感恩，那么此时就是真的开心了。所以可以说：开心＝心想事成＋知足＋感恩，三者缺一不可。

小时候我们听着"春天在哪里"长大，都知道"春天在那小朋友的眼睛里"，可开心在哪里呢？无数人都在绞尽脑汁地寻找开心的源头，却不知道开心一直就在自己的身旁，在开心农场中等着人们去开垦。

寻找快乐的过程，就像一个在开心农场耕耘的过程。

所有你看到的、想到的、听到的都可以称之为一个农场。你看到了天空，那天空就是个农场；你听到了风声，那风就是个农场；你想到了未来，那未来就是个农场——只要意识存在着，整个世界都是一个大农场。

农场分很多种，有开心农场，有伤心农场，有无所谓农场，有妒嫉农场……每个农场中都只有一名农夫，农场的性质完全由农夫来决定。农夫想要一个伤心农场，那就是伤心农场；农夫觉得这是个开心农场，那就是开心农场——只有在主观上想开心，才有希望得到开心。

人一生中的每一个举动都可以称之为一个播种的过程。每眨一下眼，每走一步路，每和朋友说句话，每做一件工作——每一个想法都等于埋下了一颗种子。区别在于播种的时候是本着怎样的目的：眼要眨到什么程度，路要走到什么程度，话要说到什么程度，工作要做到什么程度。

每一颗种子都有一个期望值，只有达到了这个期望值才可能开心。

每个人都有自己的期望值，也就是梦想。有人渴望成功，有人希望财富，有人想要健康，这些人的梦想是好的，却有很多人在达成梦想时也不快乐。种子生根了，发芽了，绽放了，结果实了。一颗果子是收获，10颗果实同样是收获，就算颗粒无收，至少也努力过、拼搏过，这样一个有汗水与辛劳的过程，难道还不能满足吗？

前人所说的"知足长乐"本身就是个错误，知足的人不一定快乐，只能说"不悲伤"，因为在快乐和悲伤之间还存在着一个"不悲不喜"。事实上，我们身边就有着那样一些人，就算他们遭遇再多的失败，脸上也常挂着笑容，这些人不是傻子，而是在知道满足的同时还心怀感恩。

微改变，让人生的农场永远充满开心！

少盼望一些：都说"无望无求"，那么无求便是不悲伤。不要总把目标定得太高，那会让人很累，也很容易烦躁。其实得到快乐很简单：饿的时候有饭吃，还能吃饱；渴的时候有水喝，还能喝够；困的时候有床睡，还能睡足。

多知足一些：钱多钱少都是生活，位高位低都是日子，不要总把精力放在对金钱、地位、名气和羡慕嫉妒恨上。学会知足，不要总是这山望着那山高，与其跟强者置气，倒不如跟弱者比肩，这确实能让人满足。

少计较一些：坐公交车没座，逛市场丢了钱包，着急取钱却遇上插队的，谈恋爱被人甩，交朋友被人骗，买菜少找了5毛钱——吃点亏又死不了人，有什么可计较的？那只能让自己更郁闷。

多感恩一些：感恩很重要，不知感恩的人永远得不到快乐。感恩于自己的努力，就算当初没有尽全力，也是拼搏过了；感恩于他人的帮助，就算没帮上什么大忙，也是付出了；感恩于时代的赠与，点背不能怪社会，至少它让你远离了战争；感恩于生命赋予的能力，不论聪明还是愚钝，不论身康体健还是疾病缠身，活着本身就应该开心！

痛苦对于你只是"软柿子"

 微寄语 不同的人有不同的人生之路，相同的是每个人的人生之路都不可能一路平坦，痛苦和挫折是在所难免的。当痛苦袭来时应该如何？把它当个软柿子即可。

在人生的旅途中，每个人都会遭遇失败和磨难。在失败和磨难面前，很多人都曾痛苦过。痛苦并不是件可怕的事情，最可怕的是人们在厄运的侵袭下精神和心境渐渐变得凄凉，原本充斥在身体和心里的力量也悄然流走——它们成了痛苦的傀儡。

当被痛苦群殴时，这些一蹶不振的人觉得这世界没了颜色，人生没了乐趣，心甘情愿地被痛苦蹂躏着，还自我欺骗说"这个打击太大了，我承受不了了"。但凡事都有两面性，有另一些人，却根本不把痛苦当回事，倒不是这些人经常倒霉，而是痛苦对他们来讲，就像个"软柿子"。

痛苦究竟可不可怕，对于不同的人会有不同的结果，但不管怎么说，痛苦确实也有它的好处：绊倒你的人会强化你的双腿，欺骗你的人增强了你的智慧，藐视你的人唤醒了你的自尊，遗弃你的人让你学会独立——面对痛苦的时候，只要心是光明的，世界就是光明的。

面对痛苦这个软柿子，我们需考虑的只有一个问题：究竟是人驾驭人生，还是人生驾驭人。一个奴隶，他习惯被人驱使，习惯了责骂和皮鞭。就像一个被人生奴役的人一样，他只会机械性地忙碌、休息、吃饭和行路。痛苦对于这些人而言完全就是个多余的东西——他们本来就麻木到没有丝毫知觉，痛不痛苦都是一个样。

另外一些人，他们的心永远是自由、敞亮的，在他们眼里，这世界到处都充满了迷离的色彩，到处都是一片生机勃勃的好景象。他们善于勾画自己的未来，并且按这个勾勒一步一步地走下去。他们认为，在光明面前，一切带有黑暗色彩的痛苦都将烟消云散。

人活着是为了什么？活着就是为了面对，面对人生路上各种未知的喜悦、幸福、成功、失败、挫折和痛苦。这些都是不可避免的生活内容，活着的使命就是一件一件地解决掉它们。面对痛苦，我们能做的只是迎难而上。

如果一个人总停留在一个位置，痛苦永远不会主动为他让路。如果他向前走一步，虽然会和痛苦的距离更近，但只要不停地向前，直到和痛苦紧紧地贴在一起，挺过这时候，痛苦自然就会后退。

看着痛苦想着"爽"，这并不是在教你使用阿Q的"精神胜利法"，而是让你对自己、对未来充满希望。别总把自己拘在痛苦里而不自拔，更不能放弃最初的梦想。如果凤凰不浴火，它如何能重生呢？

"太痛苦了，我受不了了，让我死了算了！"很多人在痛苦的时候都会产生这种想法。他们觉得自己在这些痛苦的折磨下已经生不如死了，与其被这样摧残，还不如终结了自己的生命来得实际。

身体发肤受之于父母，生命岂是个人说终结就终结的？就算真的要死，死亡之后呢？虚无、消失，什么都没了。不能再呼吸人间的空气，不能再听、再想、再言语、再歌唱、再舞蹈、再笑……可怕吗？如果有人觉得这些不可怕的话——一个人连死都不怕，还怕痛苦吗？

清除思想里的恶意小插件

喊叫是所有动物的本能，人也是如此，尤其是在遭受惊吓或者疼痛的时候。就像一个人走在马路上，忽然被人从后面踹了一脚，他肯定会"哎哟"一声，因为他疼。如果只是被人轻轻拍了一下，他可能只是轻轻地"咦"一声，因为不疼。

痛苦了就要喊叫，这是理所当然的事情。但有些人却经常用坚强的意志压抑着情感，无论多么痛苦，他们都能强忍着不喊不叫。在尊严和面子的驱使下，就这样硬挺着——能忍着不叫，只能说明还不够痛苦。

有人说人生本来就是一个痛苦的经历，虽然人生中有无数的快乐和幸福，但也存在着很多痛苦磨难，人活着就是来经受这些痛苦的洗礼的。还有人说人生是一个享受磨难的过程，因为每一次风雨之后都会出现彩虹，没有永远的痛苦，只有永远的甘于痛苦。

痛苦可怕吗？吃肉咬到嘴唇是痛苦，能忍；走路摔断腿也是痛苦，为什么就不能忍？如果谁觉得痛苦可怕，那么它就永远可怕。如果谁不把它当回事，该吃吃、该玩玩，该干吗干吗，痛苦迟早会自觉无趣地夹着尾巴溜走。说到底，痛苦就是只纸老虎，是个软柿子：在痛苦面前，你弱了，就只能痛苦；你强了，它就什么都不是！

把恐惧赶出你的内心国度

 微寄语 相对于世界的广博来讲，个人是渺小的；相对于身体的脆弱来讲，内心却是强大的。每个人的内心都是一个国度，疆域的大小由内心是否强大来决定。将恐惧从内心国度赶走，才能迎回晴朗的天空，才能事半功倍地迎接人生挑战。

　　每个人的内心都是一个自由的国度，意志是这个国度的主宰，恐惧则是来自外界的侵略者。每个内心国度都时刻在上演着意志和恐惧的战争，不同的是有些人的意志足够强大，强大到置任何恐惧于不顾；有些人的意志则和恐惧的能力在伯仲之间，它们长期进行着艰苦卓绝的拉锯战；还有些人的意志根本不堪一击，恐惧还没有露出真面目，意志便自行溃散。

　　恐惧的种类很多，有人恐惧贫穷，有人恐惧批评，有人恐惧不健康，有人恐惧失去，有人恐惧失败，有人恐惧年迈，有人恐惧挫折，还有人恐惧死亡。每个人的周身四处都充斥着无数恐惧的影子，它们一直在伺机而入，一旦意志放松了警惕，恐惧就会瞬间入侵。

不论贫穷、疾病，还是失败、挫折，都是人生必需经历的。有些人把这些当回事，一出事就害怕得不得了，有的甚至被直接吓倒；有些人则根本无所谓，什么恐惧，该来就来，该走就走，照吃，照睡，照玩，照生活。

有人说那些"无所谓"的人是"神经大条"、"心大"或者"没心没肺"，实际上是因为这些人明白恐惧的本质：当内心受到外界刺激的时候产生恐惧。由此不难看出，虽然恐惧产自内心，但还是在外界的影响之下才能产生，说白了，恐惧就是一个"外来户"！

不自信是恐惧的先遣部队，它的主要体现是对拒绝和结果的恐惧。因为对自己不敢肯定，所以不自信的人在办事说话的时候总是畏首畏尾，生怕一不小心遭到拒绝，或者承受不好的结果。

胆子小的人最容易被恐惧盯上。走路怕摔跤，吃饭怕噎着，睡觉怕不醒，住屋子怕地震，住野外怕天塌，喘气都怕呛到嗓子眼……这些胆小的人每时每刻都在恐惧着周围的一切，"我怕"是他们的口头禅，但他们的心跳从来就没比常人慢过。

无知的人也是恐惧的目标。都说"无知者无畏"，这句话只说对了一部分，因为还有一部分的无知者是有所畏惧的。这些自称"有自知之明"的无知者们，当遭遇未知的事情时，经常会止步不前或者转道而行，绝对不会去碰触自己未知的领域。如果某天与未知狭路相逢，他们便会心生恐惧，一步一挪地行路。

内心国度，岂能被外来户侵占？

怕挨打，因为挨打会疼；怕失恋，因为失恋会痛；怕出错，因为出错了会失败……每个人都有自己的怕，有些怕是可以避免的，但有些是在所难免的。天要下雨娘要嫁人，这些无法左右和预知的事情，恐惧根本解决不了任何问题，因为雨不会因恐惧而不落，地球也不会因恐惧而停转。必将发生的事，恐惧有用吗？

病要药来医，饭要口来吃，任何一件事情都有它的解决之道。与其把时间用在恐惧上，倒不如用心去寻找一些解决问题的办法。如果只是恐惧着，那恐惧的事将一直存在。如果把它解决掉，那还用得着恐惧吗？

小心虽然能驶万年船，但过分地小心却很可能使船压根就离不开码头。就像有人害怕摔跟头，所以在走路的时候总是心存恐惧。害怕，不停地害怕，不停地想着"千万不要摔跟头啊，摔跟头好可怕，"结果他就这样想着想着，"扑通"一下摔倒了——与其心存恐惧，不如小心翼翼，把心思都用在做事上，恐惧自然离去。

对于已经发生的事情，发生了就是发生了，又能怎样？"千万不要再发生这种事啊，我好害怕啊"，很多人就这样不停地想着，其他什么事都不做，把所有的心思和精力都用在恐惧上。甚至整天躲在卧室里，靠在墙角，紧紧地抱着被子，哆哆嗦嗦地害怕着——未来不会因为恐惧而改变！

击败恐惧微改变。光说不练假把势，说得再多，没有行动也是白搭。既然不想恐惧，那就从一件害怕做的小事开始吧：随便找一件你恐惧的小事，比如不敢吃辣椒，不敢走夜路，怕狗，怕疼，怕痒痒……

正视恐惧：你的内心你做主，别人说什么、做什么都只是别人，外界带给你的一切感知、痛苦和磨难都只是外界降临的，而不是从你内心产生的。别以为恐惧是源于你的内心，如果你把恐惧当成理所当然，将永远无法逃脱恐惧的骚扰。

强大信心：如果你任由恐惧在你的地盘肆虐的话，别人无话可说。如果你不想继续被恐惧奴役，那就站起来，告诉自己：老子不怕你！在你咄咄的气势下，你会发现恐惧其实不过是个外强中干的窝囊废罢了。

Chapter3

无奈地生活，有爱地过

生活是用来过的，事业、价值都离不开生活，而生活能力就是一个人的综合素质。天天下馆子，恭喜你，地沟油需要你；大烟大酒，恭喜你，医院喜欢你……同学们，同志们通过一些微改变，提高自己过日子的能力吧，找到生活中除了钱以外，还值得你微笑、开心的理由吧。

学做闹钟的小奴隶

 微寄语 每个人的床头都有一个小闹钟，把它当成自己的主人。在主子的驱使下，我们变得守时和珍惜日子了，人生的节奏明快了，生活也更有节律了。

早上赶着上班，可真的不想离开舒服的被窝，又没有往被窝里撒钉子的魄力，所以每天起床都像是一场悲壮凄美的战争。"起来，不愿做奴隶的人们……"伴随着慷慨激昂的闹钟声，在废了好大的力气之后才把眼睛撬开了一条细线。窗帘没有打开，虽然卧室里漆黑一片，但是闹钟却不会报错——是该起床的时候了。

这是很多人每天早晨都要经历的一次挣扎，挣扎的源头来自闹钟。大多数人在第一次被闹钟闹醒之后都会有一丝小窃喜，才第一次响起——为了让自己起床，他们可能会制定三个闹钟，一为"考前第八天"，二为"要钱不要命"，二为"财命双失"。第一次闹铃响起，是正常起床时间；第二次是会迟到，最多也就扣点钱；第三是完蛋了，做好失业的准备吧。

大多数赖床的人都会在第二通闹铃响起时草草起床，抢火似地洗脸刷牙、穿衣出门。这些人会在马路边的早点摊上随便买点什么，边吃边走，到公司楼下的时候再嚼上一片口香糖……

睡眠对于人体的健康，与呼吸和心跳一样重要。有研究表明：在保证新陈代谢、缓解疲劳、促进脏器功能和美容等的前提下，每个成年人每天睡眠时间一定要保持在6个半小时以上，正常休息时间为6~8小时，而不是大多数人都希望的"自然醒"。

对于大多数人来讲，疲惫是伴随着一天始终的，工作的时候想睡觉，吃饭的时候想睡觉，走路的时候想睡觉，坐车的时候想睡觉，睡觉的时候更想睡觉。之所以会有这种情况发生，是因为这些人都把闹钟当成了敌人。

实际上，闹钟的真正作用并不只是喊人起床，更大的作用在于提醒。只是懒的人多了，闹钟也就代替了公鸡，成了叫人起床的工具。有研究表明：习惯被闹钟叫醒的人，大多会有心脏病、恐惧症和神经萎缩的症状，因为这些人经常在熟睡状态被忽然吵醒，就算再健壮的人，神经和心理也会受到一些影响。久而久之，就成了病。

在闹钟响前起床，做闹钟的小奴隶。分清"被闹钟叫醒"和"为闹钟而醒"。

除了嗜睡症患者，每个人的睡眠时间几乎差不多。在闹钟响前起床，有人可能觉得这很勉强，甚至觉得根本就是在说笑话。如果能保证每天10点准时把手指从键盘上拿下来，把屁股从电视机前的沙发上挪开，把电话从耳朵边拿走，洗澡刷牙，然后钻进被窝。假设在11点开始入睡，凌晨6点起床，睡眠时间就已经得到保证了。

有些人可能会拿失眠来反驳，失眠是一种毛病，睡眠是一种习惯，能不能让习惯战胜毛病，这关键还是在于人本身。如果能让自己在10点睡着一次，就会有第二次、第三次，久而久之，毛病自然转变成了习惯。

不要以为自己6点能起床就不需要闹钟了，这时的你同样要把闹钟当成是自己的小主人——在主人发怒之前，把所有需要做的事情都搞定：起床、洗脸刷牙、做早点、穿衣服、外出。

大多数人都是被闹钟叫醒，然后被动地起床上班。美国人研究过，很多人会因为总被闹钟吵醒患上严重的焦虑症、神经衰弱、低血压，甚至会发疯。仔细想想，其实这并不是闹钟的错，而是人们把闹钟当成了被动起床的依赖。

如果转换一下角度，把闹钟和起床转换一下关系，那就成了为了闹钟而起床，为了闹钟而做早点，为了闹钟而如何——在闹钟响前就做好了一切事情，这不仅是一种自我克制的进步，同时还增加了战胜这一天更多困难的信心。怀着如此心情去工作，状态不好才怪。

闹钟和起床，这两个词语在很多情景下几乎都是不分开的。但我们要做的不仅是为了闹钟而如何，还要把这种习惯应用到日常——无论做什么事，都给自己一个时间概念，如，我要在某某时间之前完成某事。把这句话当成习惯，把遵循这个习惯当成一种定势。可能在一开始你觉得很难，甚至有种被牵着鼻子走的坏感觉。但当你尝到这种方式的甜头之后，就会把这句话当成金科玉律一样遵从。

简简单单的一个闹钟和起床，只是改变一下主动和被动的关系，得到的结果完全不同。其实谁都知道做闹钟小奴隶的真谛，这个道理很简单：生活是否有爱，关键在于你如何看待生活！

做饭是休闲的首选

 微寄语 假日里，把自己埋进厨房，和五颜六色的蔬菜交朋友，在锅碗瓢盆交响曲中享受生活：费用节约了，生活有趣了，生活技巧熟练了，最主要的是饮食健康有了保障，何乐而不为呢？

又是一个周末，睡觉自然是周末的首选。自然醒，一定要自然醒！电话关机，谁敢在我睡觉的时候给我打电话，我就把他的名字刻到楼梯上，让所有人都去踩！睡醒了当然要洗洗衣服，家务可以不做，衣服必须得洗……

睡了觉，洗了衣服，然后上网、看电视、欺负狗狗，还可以约朋友出去逛街、看风景，或者干脆到楼下那家新开的饭店去搓一顿好了，正好在打8折呢！

非得出去吃吗？在外面吃一顿饭的钱，够在家里做好几顿的了。怕洗碗？洗碗的痛苦难道比失恋还要大吗？那么多人分手了都照样吃喝拉撒，洗个碗至于那么难受吗？一个人不想做饭，自己吃着没味道，借口，完全是借口。

那些整天说着"一个人做饭吃没味道"的朋友，可能是因为他们饭做得不好吃，连自己都不爱吃——没准失恋的原因就是做饭不好吃！如果真是这样，那可危险了，这种恶性循环很可怕的：因为不会做饭，所以分手；因为分手，所以不做饭……其实谁都知道自己做饭的好处，但就是不爱做。这些道理就像谁都知道挑食不好，却总爱逮着好吃的不撒嘴一样。在家做着吃和出去吃，两者到底差在哪儿？作个简单的比较好了。

时间

去外面吃，如果走路＋点餐＋等待＋吃饭＋回程＝1.5小时的话，在家吃也是买菜＋做饭＋吃饭＋洗碗＝1.5小时。这样看来，所需要消耗的时间是差不多的。二者平手。

省心度

去饭店吃饭，只需要来回走路即可。在家则要出门买菜，还要拎着菜走路，还得做饭、洗碗。这一点上饭店吃饭获胜。

放心度

一般饭店的菜都可以做到色、香、味俱全。但在家做饭各人厨艺不同，无法定论。不过大多数人的说法都是饭店吃饭永远没有家里吃得放心，哪怕只是一包方便面。这个回合，也算是平手吧。

花费

饭店吃饭，你埋的单里不只有饭本身的价值，还有餐厅的管理费用。毕竟人家开饭店是要赚钱的，赚谁的钱？自然是赚你的。在家里吃饭则要省很多。相较而言，在饭店吃一顿，足够家里吃三顿。

健康度和营养度

这一点没有丝毫可比性，就算把地沟油和添加剂排除在外，饭店的东西做得再好，也不如自己营养自由搭配来得实在，这一局，在家吃饭胜。

结果出来了，在时间均等的情况下，去饭店虽然少费了力，却多花了很多钱，吃的东西也不一定健康营养。而在家里吃呢，虽然费了些力，但能省很多钱，也更健康营养，最主要的是吃得爽。

吃得饱和吃得爽完全是两个概念。大多数经常在外面"下馆子"的人肯定都会有同样的观点：饭店的饭吃不饱，更吃不爽。这不是因为饭店的饭菜不可口，而是因为那些看似色香俱全的佳肴少了一种味道——家的味道，只有家里的饭，吃着才更爽！

休闲食谱：红酒酱肉＋微波红酒麻茄，一荤一素，爽爆你的嘴！

红酒酱肉，肉食动物注意啦，本酱肉口感十分好，营养度高，造价低，制作简单。

原料：上好五花肉，建议在买肉的时候，让肉商帮忙把肉切成6厘米见方的肉片。

配料：葱、姜、料酒、红米粉各适量。红酒，超市中十几块钱一瓶的就很不错。

制作方法：将五花肉洗净，冷水下锅，加葱、姜、料酒，煮开后撇去锅内的浮沫。将红米粉、料酒调匀，入汤，再加绵白糖少量。水再次烧开后，关小火，加红酒。慢熬约4小时。这时你可以去干别的了，4小时后起锅，直接装盘。冷冻后食用，口感更佳。

微波红酒麻茄

长茄子两大根，白芝麻（熟的）一勺、大葱一根、高汤四勺、老抽两勺、白砂糖两勺、红酒两勺。

制作方法：将长茄子削皮后切成10厘米的长条，放入大汤碗中，再加入高汤、老抽、白砂糖和红酒，混合后均匀搅拌，腌制10分钟。这时你可以把香葱洗干净，切成碎碎的小葱花。

10分钟后，将装着茄子的大碗用保鲜膜包裹好，放入微波炉，用中火加热大约10分钟。取出后均匀码放在盘子中，撒上白芝麻和香葱花。这时你可以闻闻这个味道，还觉得自己做的饭难吃吗？

网络是用来利用的，不是你的"支眼棍"

微寄语　在网络上可以阅读文字、查看图片，播放影音、下载传输、交流感情、传播信息。网络是被人利用的，却不能是对抗睡眠的"支眼棍"。该离开电脑的时候就离开吧，这样才能有足够的时间和精力去看看书、读读报，回忆一下过去的成败、思考一下今天的得失、计划一下明天的行程。

时代进步了，休闲方式多了，但大多数人的晚间活动却都改在了家里：晚上8点，吃过晚饭，习惯性地打开电脑，QQ留言、邮箱、人人、微博、豆瓣，所有可能有动态的地方都逛一遍。然后登录游戏，什么农场、牧场、停车场，什么魔兽、奇迹、绚舞，既然现在是私人空间，那就疯狂地游戏吧！

事实上，很多人在10点之前都曾无数次地告诫自己，为了明天上班不昏昏欲睡，为了让自己精神百倍地面对翌日的挑战，一定不能睡太晚，10点一定要上床！可是，玩着玩着就已经12点了……

是寂寞，是失眠，是习惯，还是自我强迫……别把网络当成"支眼棍"。

随着电脑和网络的普及，越来越多的人把主要的休闲时间都放到了显示器前。每当别人问起他们为什么用那么多时间来上网的时候，除了工作需要和查找资料之外，大多数人的回答是这样几种：

"寂寞让我如此的无奈，"他轻轻地弹了弹烟灰，故作沉思状，"本以为网络可以让我不再孤独，没想到越是在键盘上敲打，寂寞就越深越重。"

"失眠成瘾，"她紧皱着的眉头，像是被挤压过的狗不理包子褶，"什么数绵羊、看书、听音乐、洗澡我都试过了，可还是无论如何都睡不着，只好在网上待着了。"

"上网不是咱情愿，"他们的身体随着"爱情买卖"的节奏扭扭搭搭着，一字一句地唱，"完全是习惯，要是不让咱上网，浑身都难受。"

"别误会，我其实是在锻炼自己，"他一点五十五的眉毛微微抖动着，"这是一种自我挑战，在家上网也是一种不错的省钱方式……"

之所以会有那么多的人把网络当成"支眼棍"，并不是因为越来越多的人想让自己在夜深人静的时候更精神。说白了，那些吵着叫着什么寂寞、失眠、习惯等的，都是用网络来强迫自己不睡觉。

Take it easy, the earth won't stop because of your sleep.（别紧张，世界不会因为你的睡觉而停止。）以前没有电脑的时候你们都是怎么活的？

停电、断网的时候，如何度过？不知所措，抓耳挠腮，上树爬墙，差点就窒息而亡？很多人的回答都可能是"是"，因为他们已经习惯用网络来强迫自己失眠了。但事实上，不管这些人如何在停电、断网的时候抓狂，最后都挺过来了。虽然可能会有些度日如年的感觉，但随着"没劲"的时间累加，一些人会开始犯困，最终倒在了大床上……

停电、断网能让人进入梦乡，虽然那有点费时，也有点让人"憋闷"，但最终的结果都是睡着了。只不过总会忽然间惊醒，然后按下卧室开关，再不死心地按按别的房间的灯，看看到底来没来电——其实这些人不是不困，而是心里一直记挂着网络。怀着这样忐忑的心情入睡，能睡得沉才怪。

其实这就是人们离不开网络的最大原因，因为牵挂。牵挂着网络上的一切，生怕只要稍不注意，就会错过一次留言或某条信息。有人觉得这些对于孤独寂寞的生活来讲，是非常重要的。就算躺到了床上，同样辗转反侧。就算开着电脑睡觉，也会常有种想爬起来看看留言的冲动。

地球会因为你睡着了就停止转动吗？这当然不是抬杠，而是在阐述一件事实：不管你睡得多沉，世界还是一样运转。所以不如放轻松点，别去管那些留言评论，就当从来没存在过一样好了。

做不到，以前没有电脑世界不还是一样在进步，人不还是一样生存？这当然不是呼吁人们断绝与世界的联系，只是让你把自己的电脑变没，在意识里。

网络和手机是一种与外界联系、与他人沟通的触媒，却不是唯一的工具。手机焦虑、网络焦虑是很多人都患有的毛病，可能有些人觉得这没什么，但这对心理健康真的没什么好处。

在意识中删除网络的存在，假设自己的房间从来就没有电脑，暂时忘掉那些微博、空间和游戏之类的"牵挂"。试着走出去，到人群中去，真正面对面地与朋友相聚，和父母聊天，与大自然沟通。

可能在一开始的时候你觉得这样做很难，会经常有"这样还不如回家上网有意思呢"之类的想法。不要就此放弃，给自己一些信心，就像当初你是如何克服万难，完成游戏里的FB一样。用不了多久，你就会忘掉网络的存在，回归到正常人的生活之中了。

生活是用来过的，不是用来打发的。网络只是工具，不是"支眼棍"，千万别把它当成排遣寂寞的方式。别用上网来解决失眠，更别把上网当成宅腐的借口。上网不能锻炼你什么，只能让你的眼睛越来越近视。

吃着火锅，唱着歌

 微寄语 每个人的人生之路都有一些看不到的规则在约束着，而在吃火锅的时候唱歌，这不违反任何规则，相反却是一种人性的解放，也是一种创新，是一种对新生活方式的激发。

吃火锅的时候为什么不能唱歌？嘴里吃着东西，没时间唱歌？谁规定吃火锅的时候就得不停地吃了？寝不言，食不语，这不是法律规定的吧？怕影响别人，可以小声地唱啊。吃火锅的时候当然不是必须唱歌，这只是一个比喻：有些事，没必要过于修边幅。

每个人都有一些想做却不敢做的事情，虽然知道那些并不违法，也不会对别人造成什么影响，只是因为习惯、定势，害怕别人异样的目光，这些使得一些人犹豫不前，却又总放不下：

坐电梯的时候，我总是不由自主地扭屁股，我努力地控制自己，千万不要出糗。可越是控制，这种欲望就越强烈，我该怎么办？

睡觉的时候喜欢把自己摆成一个"大"字，为了改掉这个不雅的毛病，我曾把自己的双腿绑上，可第二天起来时还是一个样……

家门前有条马路，那路上很少有车经过，却有个大大的交通岗，真想站到上面去看看，可这样会不会被人骂神经病？

隔壁那个丑女人太恶心了，自己长得跟精灵鼠似的，却逮谁跟谁吹自己眼睛大，早就看她不爽了，真想埋汰埋汰她。

想做为什么不做，不觉得这是对自己的残忍吗？不要觉得笑不露齿、坐有坐相、知礼懂仪是有素质的表现。在某些时候，那些充其量只算是一种习惯，或者完全可以称之为"自我强迫的硬伤"。

随意、随欲、随缘些，生活才能更精彩。

有一个朋友，别人都说他是疯子，因为他经常在大半夜出去溜达，经常在吃饭的时候大声朗诵诗歌，经常睡着睡着就忽然跳起来做健身操，就连吃着火锅的时候，他没准都会唱几句歌。

就是这个疯子，大家从没在他的脸上看到过愁苦，虽然他的生活不甚如意，没有好工作，没有好爸爸，没有好干爹，也没有好女朋友。房子、车子、票子、马子都与他无缘，可他就是这样没心没肺地活着，一天到晚都乐呵呵的。

没人规定西装不能配着短裤穿，没人阻止白糖和在面条里，"Hold住姐"能一秒钟变格格，为什么我们不能让自己也微微改变一下，更洒脱更随意地生活呢？低级趣味吗？但凡那些觉得随遇而安，或者那些小乐趣都是低级趣味的人，都等于给自己加上了一层禁锢。什么是低级，什么是高级，只在人是如何看待罢了。

街边的裸体画是低谷，画廊里的裸体画是艺术；路边摊上的臭豆腐影响市容，放到酒店里就成了特色菜；鲁迅的笔锋一转，借用到了我们小时候的作文上，如果也运用了同样的笔法，那就成了跑题——对于瞎子来讲，黑夜和白天永远没有分别，之所以会产生差异，完全都是因为各人的眼光不同罢了。

想睡的时候不能睡，会困得难受。想吃的时候不能吃，会馋得难受。

法律都没说困了不能睡、饿了不能吃，就别跟自己过不去啦，那样只能让自己更难受。子弹可以多飞一会，心为什么不能多翱翔一会呢？

不要总是拘泥在伦理纲常和所谓的道德规范上，古时候的女人都"大门不出，二门不迈"，到了现在已经没了这个约束。那些本来就长着龅牙的人，笑不露齿对他们来说已经太难了，又何必逼着自己不敢笑呢？

把心彻底放开吧，这种单一的束缚虽然不会对自己造成什么影响，但如果日以累加的话，早晚会酿成大祸。路边的流浪狗很可爱是不是？想把它带回家去，怕狗瘟，怕跳蚤，治了洗了不就没了？怕照顾不好，它连家都没有，连饭都吃不到，还有什么比这更不好的吗？

忽然想起了某首歌，却忘了歌词，越想越难受，真想大声唱出来。公交车上想唱就唱呗，地铁里不经常有抱着吉他的流浪歌手吗？不就比他们少一把吉他嘛！掌声可不一定比他们的少。

周末无聊，忽然想去看海，人在北京怎么办？穿衣，出门，打车直奔火车站。北京站每个小时都有去秦皇岛的车，买票吧，两个多小时以后就可以用脚踢到大海的水啦！

受不了老板的咆哮，那就不要受咯！不想失去这份工作，那就继续受着咯！天下没有免费的午餐，鱼跟熊掌不能兼得。要么对自己残忍，要么对老板残忍，看各人喜欢咯！但不管如何喜欢，只有一条路可走。

没人规定吃火锅的时候就不能唱歌，也没人限制唱歌的时候不能吃火锅，既然这不会让你失去什么，为什么不去尝试一下呢？彻底放开那些莫须有的束缚，让心翱翔，让身体真正自由起来吧！

你还记得广播体操的全套动作吗

 微寄语 很多人都希望能有锻炼身体的机会，但晨练没时间，健身馆又不方便。还记得小时候经常做的广播体操吗？没事的时候常做做操，肥胖、颈椎病、亚健康等都会远离你。

　　幼儿园为了开发幼儿智力，培养自主动手能力，一般会开设折纸的课程。小青蛙、宝塔、帽子，还有各种各样的纸飞机，很多人都能清晰地记得第一次折纸时的兴奋，对自己第一次折的纸艺品也都有别样的情怀。

　　小学为了增强体质，休息大脑，锻炼身体，促进身体各部分的协调发展，会在课间安排做眼保健操和广播体操。但大部分人在上学的时候最讨厌的就是做眼保健操和广播体操，觉得在大庭广众之下伸腰拉胯是件丢人的事情，就算知道其中的好处，也能躲就躲，能偷懒就偷懒。很多人把这件"苦"差使当成不必要的任务来应付，或者当做出洋相的机会。

　　你还记得广播体操的全套动作吗？

　　虽然大家都做了十几年的广播体操，也知道一些广播体操的好处，但具体之处却不甚明了。广播体操是一项综合上肢、下肢和躯干各部分协调的运动。一般由曲伸、举振、转体、平衡、跳跃等多种动作组成。

广播体操可以使大脑在得到充分休息的同时，让肌肉得以适度地放松。广播体操可以提高心肺功能，促进周身血液循环，能使氧气更充足地供应到身体的各个部分，从而达到增强各器官功能的目的。

人们在做广播体操时，通过运动可以使身体发热，有利于提高身体的排泄功能，缓解疲劳、减少乳酸积累。运动过后，人体的精力会更加旺盛，肌肉也会更加发达，达到强身健体的作用。

一套广播体操，加上前后的自由活动时间，加起来怎么也有20~30分钟，足够一个人在紧张之余放松神经。工作之余，稍有时间，就尝试着做一下广播体操吧，这样有助于缓解紧张工作时出现的大脑疲劳。如果在休息之前适量地运动一下，还可以提高睡眠质量，对治疗失眠也有一定作用。

很多人会抱怨自己节奏感不强，只能说明他们小时候做广播体操的时候没有用心。十几年的广播体操，十几年在音乐的伴奏下运动，就算再笨的人也知道"一二三四，二二三四"了。

保健无处不在，生活才能有爱。

广播体操很简单，到处都可以买到图册，网上也可以搜到相关的教程。除了广播体操之外，还有很多简单随意的健身小方法，可以在办公之间和在家无聊时做做运动。健身，无处不在；生活，无限精彩！

练腹肌，去除腹部赘肉。

身体仰伸站立，双臂像伸懒腰一样上举。注意，一定要加大幅度。如果是躺在床上的话，可直接用双手抓住头上方的床沿，这时将单腿或两腿猛然上举，保持上举姿势10秒钟，后缓慢放下。重复30次。

缓解颈椎疼痛。

缓慢深呼吸，缓慢运动。头转左，眼看左肩；转右，眼看右肩。重复运动10次，再将头上抬看天，下低看胸，重复运动10次。双肩上提，向耳部耸起，转动脖颈，重复10次。双肩分别画圆，各10圈。

瑜伽呼吸法，缓解压力，增强意识力。

双腿并拢坐在椅子上，一手扶腿，另一手放在腹部，紧收下颌，脊背伸直。将注意力放于腹部，腹部放松，同时吸气，至喉和胸腔、腹部均充满气。自然放松下颌，缓慢呼气，同时缓慢放松胸部，感受肚子回收。呼吸间隔要保持屏息状态1～2秒钟。

按摩腰部，养肾纳气。

先将双手掌心对搓，当手心感觉灼热后，分别将双手放到腰部，手掌对着皮肤，开始做上下往复按摩。按摩时保持呼吸均匀，当腰有热感时停止按摩。早起、晚睡前各进行一次。

手指活动，防止风湿。

可能有人觉得每天上班的时候对着电脑、敲着键盘，这已经等于对手指有了锻炼。实际上这种"锻炼"对手指并没有什么好处，甚至会诱发一些肌腱类疾病。将双掌向心并拢，五指均匀分开，模仿鱼在水中游动时的动作，就这么简单。

千万不要小看任何一套保健操，不要像我们小时候对广播体操一样避如蛇蝎。其实大家都知道自己身上或多或少有些小疾病，都想了无数次要抽时间锻炼，都想着哪天去做一次有氧健身，但可惜的是我们时间有限。

现在不用再发愁了，卧室、办公室、车上，甚至在走路的时候我们都可以锻炼。简单地做一做，感觉呼吸顺畅多了，肩膀舒服多了，心跳强劲多了，觉得有点热血上涌，觉得浑身上下都有用不尽的力量和说不出的舒服。

体检是给自己的年终总结

微寄语 身体是革命的本钱，为了能使"革命"更好地进行，需要在年终总结中加上体检一项。它可以通过健康指数的变化使人知道自己在这一年中有哪些得失和改变，从而更有针对性地对下一年的计划做出更改。

累了一年了，有没有感觉身体哪个部位不舒服。腰酸不酸，腿疼不疼，后脑勺有没有经常一抽一抽地痛？血压、血脂和血糖高不高？总是熬夜，有没有神经衰弱？每年给自己做一次体检吧，就当是次年终总结，对身体有个交代。

身在职场，很多人都养成了总结的习惯，每到年终、月底，总结的人都要开始纠结了。明天是希望，昨日是浮云，每个人对于过去的时间都能做到能忘就忘、能放就放。唯独这总结成了每个人的软肋。网上的模板疯狂地搜，花钱、不花钱的枪手狠命地雇，各种各样的歪招、妙招、阴招、损招层出不穷……

体检也是总结，血压、血脂和血糖开路。

体检也是一种总结，从身体状态的改变可以看出一个人每段时间的变化，看出现在的他和曾经的他相比是进步还是退步。健康对每个人来说都很重要，可有些人的目光就是那么短浅，为了赚钱，不要健康。

有些人觉得虽然现在的工作很累，但生活水平确实提高了，完全可以在辛苦的同时补身体。觉得如果这种补偿能使身体的透支达到收支平衡，那健康便不会受到危害。这种说法并不全错，但并不代表没有体检的必要。

有人说血压、血脂和血糖病是富贵病，以为现在生活条件好了，才会有这些病的产生。这完全是错误的，因为致病原因并非全在饮食，心情、生活等错误的习惯都能导致疾病发生。

高血压虽然普遍，却是人类健康的一大杀手。患了高血压症的人，一定要注意劳逸结合，保持足够的睡眠。注意锻炼，多参加一些力所能及的工作和体力劳动。一定要注意饮食调节，多食低盐、低动物脂肪类饮食。禁胆固醇摄取，减肥，忌烟酒。另外，孤独也是高血压的促进成分，尽量不要让自己一个人。

不要以为血压低是好事，它与高血压一样危险。患了低血压症的人，一定要注意平时多运动，注意饮食均衡。让心放晴，养成开朗的个性。睡眠时间一定要充足，让生活更有规律，千万不要经常熬夜不睡。

血糖升高了并不完全因为糖分摄取量过高，但高血糖患者却一定要忌食甜品。除此之外，豆制品一定要多吃。动物油要由植物油代替，还要减少胆固醇摄取，烟、酒也是一定不能沾的。

低血糖，口服药是一定要吃的，同时，养成良好的生活习惯也很重要。运动不能停止，但也要适量。减少夜间外出的次数，警惕夜间低血糖的发生。不论去哪都要随身携带药品。

高血脂，多吃清淡，少吃盐。动物脂肪能加速动脉硬化，最好也不要吃。甜食、烟酒一定要杜绝。钾类食物能缓解纳的有害作用，不仅可以降压，也可以降脂，如豆类、番茄、乳制品、海带等绿叶蔬菜。

血脂低也是一个影响健康的有害指标。很多人为了减肥过分节食，最后造成低血脂。患了血脂低就意味着很多慢性疾病的发生。这时首先要做的就是增加营养，提高热量的摄取和其他人体必需的营养成分。

单一检查不全面，全身体检才是王道。

不要以为血压、血脂和血糖正常就表示你非常健康，要人命的病有很多。就像平时的头疼和咳嗽，这些都可能是大病来临的前兆。当头疼和咳嗽发生的时候，一定要咨询医生，不要自己瞎琢磨、乱买药。

头疼：感冒、累眼、费神、静脉窦洞发炎、脑炎、脑癌、脑膜炎和大脑动脉瘤等都可能诱发头疼。如果头总是莫名其妙地疼，马上去做个脑电图和颅内彩超吧。

咳嗽：感冒、上呼吸道感染、额窦炎、鼻窦炎、鼻炎、咽炎、喉炎、气管炎、支气管炎、肺炎等都可能诱发咳嗽。千万不要不把咳嗽当回事，有咳即有毒。既然病毒存在，如果总对咳嗽置之不理的话，很可能会变异为更可怕的恶魔。

除了头疼、咳嗽，其他方面如腰腿疼痛、眼花、耳鸣、颈椎疼痛等看似无甚大害的"小"毛病，都可能是要命的杀手。所以，虽然很多人对医院有恐惧感，但还是有必要定期到医院做下全身体检的。不要觉得这是在浪费钱。如果有病就及时治疗等于省了钱。如果没病，你花钱买个心安，不用担惊受怕，何乐而不为呢？

戒除恐惧，良药心药都重要。

很多人有疾病恐惧症，他们怕体检，倒不是怕花钱，而是怕真的检查出什么毛病来。虽然他们自己也知道这种恐惧就是扯淡——疾病不可能因为恐惧就对你敬而远之，该来的迟早会来，该得的谁也躲不过去。

恐惧解决不了病痛，除了医生开具的药方，你还需要一剂最为主要的万能药引，那就是开心。从那么多与病魔抗争的"战士"身上可以看出，疾病就像生活在阴暗深渊里的病毒，阳光可以净化一切对世界有害的物质。如果想让心里阳光起来，就必须乐观，尽量让自己开心。同时还要积极主动地配合医生治疗，这样不管多重的病，肯定都会很快地好起来。

"淡"是人生最深的味

 微寄语 曾几何时，你为了追求那些所谓的"拥有"，早已不知何时丢失了自己，被五光十色所迷惑，被靡靡之音所充斥，心里只想着如何"拥有"，却忘了，一如最真、最原始的自己，"淡"才是人生最深的味！

　　人生有很多种味道，酸甜苦辣咸涩淡，每个人喜欢的味道都不同，每个人追求的也不同。在奔波、追逐这些味道时，人们的眼里只有获取，不停地获取那些所谓的幸福和享受。人们变得疯狂，在那些风口浪尖式的拼搏中寻找刺激的人生。

　　有人说，"我受不了平淡的生活，我受不了别人比我过得好，我看到别人开着名车、住着洋房就觉得不自在，所以我要拼搏，为了拥有得和他们一样多！"多有志气的豪言壮语，这里暂且不提别人为什么会拥有那么"多"，只问一个简单的问题，什么才算"拥有得多"？

　　钱财富贵，名誉声望，社会地位，有了这些就算拥有得多了吗？如果说拥有这些的人才算富有，那为什么又有那么多的富翁大腕动不动就说自己寂寞，就说自己"贫穷"呢？别以为这些人是在作秀和瞎显摆。

因为只有拥有了那些之后，你才会知道人们真正应该追求的只是真正地活着。

每天有24小时，你至少有一半的时间在家里，还有8~10小时的时间在工作和去工作的路上。也就是说你每天只有两个小时的时间接触社会，攀比一般也都是在这时候生效——工作时谁有时间和你攀比，在家的时候你只需要享受和亲人在一起的快乐就够了。也就是说，你在占用和家人相处的时间，加上你努力工作的时间，只为了和人攀比这两个小时——你觉得划算吗？

你占用了陪妻子的时间去拼搏，为她买回了钻戒、白金项链，可你知道她有多希望你早点回家，尝一尝她花了半天的时间为你炖的汤吗？

你占用了陪孩子的时间去拼搏，为孩子创造了更好的学习环境和物质享受，可你知道孩子们有多希望你能在假日里带他们去游乐场玩一玩吗？他们想要的并不是游乐场，只是有你的陪伴。他们也不在乎那些高档的玩具和大价钱的学习环境，难道你不知道父母才是孩子最好的老师吗？

你占用了陪父母的时间去拼搏，为他们买了那么多的补品，还买了高科技的洗脚盆、颈椎治疗仪，可你知道儿女才是父母最深的牵挂吗？他们希望看到你开心地笑，而不是紧皱的眉头；他们希望看到你轻松地生活，而不是不停地忙碌；他们用不上高科技的洗脚盆，你若能为他们洗一次脚，他们会幸福一个月。他们只希望你多陪陪他们，因为他们已经自知时日无多……

看了这么多，如果你还没陷入沉思，只能说明你的心里丝毫没有父母、爱人和子女的位置。如果你有些感触，你知道你已经占用了别人太多的时间，那么就为他们做这样几件事吧，事情虽小，但会给你人生另一种精彩：

第一件，制定一个严格的时间表，告诉自己什么时候是工作时间，什么时间必须陪爱人、孩子。同时，时间表里一定要把下面这些事情规定在里面。

第二件，不管你是不是会做饭，也不管你做的饭好不好吃，一定要用心为你的爱人做上一顿饭。

第三件，抽时间给朋友打个电话，那么久没联系了，聊聊彼此的近况吧。

第四件，挑个风和日丽的日子，带上爱人出去呼吸下新鲜空气，最好不要带手机，就算带了也要关掉，不要让工作打扰了你们。

第五件，带孩子去看场电影，选一部有教育意义的影片，一边看，一边为孩子讲解。

第六件，不管你离家多远，哪怕是请假也要回去陪父母小住几日。陪他们聊聊天，尝尝妈妈亲手做的菜；告诉爸爸，他曾经是你的偶像，现在也是。

第七件，别觉得不好意思，亲手为你的父母洗洗脚。

第八件，每天至少和父母通一次电话，哪怕只是聊聊天气，聊聊吃了什么晚饭，或者哪怕只是发一条短信，告诉他们：注意身体。

而当你回想起童年时和父母亲人在一起生活的片段时，你的心里并没有什么激动、豪迈和太多的快乐，只有一种简单质朴的感觉——踏实。奇怪的是，每当你有这种踏实的感觉时，你会觉得身上充满了力量，同时你还会有一丝向往，好想回到那段时间。

曾几何时，为了追求那些所谓的"拥有"，你早已不知何时丢失了自己，你的眼已被五光十色所迷惑，你的耳朵已被靡靡之音所充斥，你的心只想着如何"拥有"，你却忘了，一如最真、最原始的自己，淡才是人生最深的味！

思考之源，让大脑转起来

 微寄语 思考是件很有意思的事情，也是每个人每一天都要做的事，但每个人思考问题的方式不同，出发点不同，思考能力也不同。会思考的人通过思考改变人生，不会思考的人胡思乱想糟蹋人生。

话说那只生活在黔的老虎又遇到了一头驴子。

"哈哈，这下你小子可完蛋了！"老虎嘴里叼着根牙签，一步一颤、慢慢悠悠地走向驴子。

"这位好汉，我似乎不认识你吧？"驴子抬起头看向老虎，驴子的嘴里还咬着几棵青草，面不改色，气定神闲。

"哟？还装得挺像……"老虎"噗噗"怪笑，"你是那头驴子的弟弟吧？看你们两个长得差不多。"

"每只驴子长得都一样的。"驴子低声说了一句，然后低头继续吃草，似乎老虎根本就不存在一样。

"你……你不怕我吗？"老虎微怒，不过随即又笑了起来，"看起来也是一头傻驴子，告诉你吧，我就是这黔地的兽王，最凶猛的存在！"

"哦，兽王是吧，"驴子一边吃草，嘴里一边含混不清地说，"你好，你有什么事吗？如果没有的话，我要继续吃饭了。"

"哈哈，无知真可怕啊！"老虎仰天长笑。"你真的不知道我的厉害吗？'黔驴技穷'之后，所有驴子见到我都只有躲着走的份！"说着，老虎走到了驴子旁边，坏笑着说："其实我也是来吃饭的，我是来吃你……"

"砰"老虎一个"的"字还没说出，就被驴子飞起一脚踢到了腿上。"咔嚓"，在巨大的踢力之下，老虎的前腿应声而断。"砰砰"又是两声，老虎的双眼也被驴子踢瞎了。

"嗷……"老虎哪想到驴子又敢踢自己，疼得它嗷嗷直叫，一边叫一边愤怒地吼道："你应该怕我才对，你不应该敢踢我的！因为我是兽王，而你只是头驴子！"断了一条前腿，又瞎了双眼的老虎，如今已是强弩之末，它知道，如今的自己已经不是驴子的对手了。

"对，我只是头驴子，"驴子嚼了嚼嘴里的青草，然后猛然抬起前蹄，一边大吼着一边向着老虎的另一条腿踏下，"老子不只是头驴子，还是头得了精神病的疯驴子！"

老虎很"杯具"，如今所有的驴子都知道《黔驴技穷》的故事了，这头驴子为什么不跑呢？老虎没有想过，它只是习惯性地依据以前的经验，认为这是头傻驴子罢了。思考很难吗？其实一点都不难，老虎要是仔细思考一下，再小心谨慎一点，可能就不会这么悲催了。

人类也一样，并不是不爱思考，只是因为在成长中学到了很多知识，也在亲身经历或者道听途说后总结了一些经验。就是靠着这些经验和知识，才逐渐把思考放在了一边。

这种行为是大错特错的，因为这世界上本就没有两样完全相同的东西，更没有完全相同的两件事情。不要以为这是耸人听闻，你每天早点吃的都是油条豆浆，看起来是千篇一律的重复，事实上是一样的吗？

根本就不是——每天早起时的天气一样吗？每天面粉和黄豆的价格一样吗？每天早晨你的心情一样吗？每天早晨你坐的餐桌又都一样吗？

这只是几个小方面，如果想把这些都凑成一样已实属不易，又何来"千篇一律"呢？既然没有千篇一律，就不存在100%的经验。既然没有100%的经验，就不能什么事都只靠着经验去做。

思考是维系人类生存的最大原力，每个人都应该多思考。如果牛顿被苹果砸到头的时候仅仅想到了"疼"，而不是思考苹果为什么会落地，哪会有"万有引力定律"？如果伦琴在试验中发现"X"光时想到的只是"试验失败"，而不是思考"X"光的原理，现代医学中又怎会有"透视"这一科？

对任何事情都要持有审视的态度：经验就一定是对的吗？别人说的就一定是对的吗？报纸和电视里报道的就一定是真理吗？要想正确地去思考问题，首先要做的就是要分析经验和"他人说"，而不是不分青红皂白地盲从。

要把事实和经验分开。不要一遇到事情就先把经验拿出来，经验确实对于每个人都是一笔庞大的财富，但这笔财富往往会阻挡你发现另外一笔巨款。事情就是事情，你所要做的也只是观察，用你的眼光仔细分析，用心思考，尽最大努力剖析事情的本质。

多换几个角度，你会发现更多的真相。换位思考，这是个被无数人讲过无数遍的词，别说你已经把这做得很好了，其实很多时候你都忘了这个方法的存在。很多人与人之间的矛盾，都是因为不能完全替对方考虑造成的。如果人人都把换位思考这种技能玩得炉火纯青，这世界将会更和谐、更完美。

要抓住事情的重点。每件事的发生都有主要和次要的原因。这里并不是要你放弃次要，而是首先从主要出发，仔细分辨，用心思考。然后再结合你对次要问题的看法，两者加在一起，才是事情的真正表象。

没有证据，就没有发言权。你看到的不一定是真相，即使再多的人确认那就是真相，你也要用自己的方式再去思考一下。凡事都讲求证据，你有什么样的证据能证明那就是真相呢？这就像法庭宣判的时候从来不会讲经验和习惯，而是用有理有据地举证说话。

思考其实一点都不难，难的是我们能经常思考。养成爱思考的小习惯吧，不要以为小时候学到的东西都是幼稚的，真相往往就是用这些方法还原出来的。

放下纠结，你心里也能阳光一点儿

 微寄语 纠结并不是一种具有社会普遍性的心理标签，它是个坏习惯。放下纠结，人与人的关系会更和睦融洽，做事的时候也不会左右矛盾。没了纠结，就少了理性与感性、欲望与克制、道德坚守与失陷沦丧的斗争。

很多人常常抱怨生活让自己太纠结，吃饭的时候为了米饭和馒头纠结，走路的时候为了公交车和打的纠结，睡觉的时候为了仰面和侧卧纠结，就连起床都在纠结，美梦不想做完，可不起床就会迟到了……

遇到烦恼会纠结，遇到挫折会纠结，遇到不满会纠结，遇到迷茫同样纠结……这些常常纠结的人，内心仿佛常年阴雨的天空，到处都充斥着一股霉烂的味道。他们觉得自己是这世界上最大的倒霉蛋，没有之一，却不知道纠结根本就是自找的——存在于人们执著的生活中那些难以避免的磕磕碰碰，其实都是伪纠结。

纠结不是别人给的，而是自找的。

贪心使人纠结。俗话说"人为财死，鸟为食亡"，在自然界中，动物们为了食物、配偶、领域、巢区，甚至可能仅为一片发光的碎玻璃大打出手。现实社会中，人们为了车、房，为了赚更多的钱而不停奔波劳碌。各种各样的利益，在很多时候几乎成了人们前进的唯一目标。

每个人的价值观都不同，在面对利益的时候所作的反应也大不相同：很多人都会为眼前的利益绞尽脑汁，想方设法地得到，甚至不惜尔虞我诈，违背良心，出卖自我。而这些人几经周折之后得到了企盼已久的利益时，却又发现这并不是自己最初想要的。还有些人，在追逐利益的过程中经常会踌躇不前，纠结于这样或那样的过程和结果。久而久之，这些人变得抑郁，内心总被阴霾充斥。他们的脾气也越来越大，虽然大部分时间只是皱着眉不说话，但当被激怒时，便如火山爆发一样，一发而不可收拾。

懒惰使人纠结。很多人都常常抱怨，抱怨社会对人不公，抱怨工作报酬太少，抱怨爱人不知回报，抱怨朋友不知感恩。他们总觉得自己是最可怜的，觉得自己已经付出得够多了，却得不到任何回报。

除了自怨自艾，这些人也是很少成功的。他们总觉人生路难行，觉得自己已经做得够多、够好了，却经常达不到预期的效果。事实上，这些人根本就是想得太多，做得太少——如果把抱怨和做梦的时间都用到行动上，收效肯定不会这样。

没有方向使人纠结。有些人常常迷惑于诸多选择而左右为难，就像站在一个分岔路口，这边看看，那边望望，觉得哪条路都可以走，又怕最后走不通。之所以会这样，是因为这些人的心里根本就没有方向，不知道自己真正需要的是什么。

小心眼使人纠结。想不开，真的想不开：为什么没有别人富有，为什么得不到爱人的垂青，为什么没有好机遇，为什么每次都月光……这些人有很多想不开的事情，就连打雷不下雨都在他们的纠结之列。

恐惧使人纠结。恐惧失去，恐惧失败，恐惧未知；恐惧回忆，恐惧当下，恐惧未来；有些人整日活在恐惧之中，没有什么事情是他不怕的，就连喘气都怕闪了腰。纠结成了这些人的家常便饭，不断在恐惧中滋长，却不愿突破自我。

消减纠结，有阳光的内心才更有爱。

头脑简单一些，从映入脑海的先后顺序做起：假如某天你在米饭和馒头之间纠结着，这已经成了你的习惯，你根本没意识到这种纠结会延伸到你生活中的所有大事小情。但这不要紧，从这顿饭开始，如果先想到的米饭，就果断去吃米饭，馒头留到下顿再吃。把这当成一种习惯，不论做什么事，先想到什么就做什么，不要考虑后果和得失。当你不再纠结的时候，再去衡量更合适的方法，然后直奔主题，不再走弯路。

多长点心，少动点心思：多长心，让自己能更想得开、承得住。虽然很多事都有多种解决办法，但最终解决问题却只要一种就够了。少动点心思，虽然有备无患，但备得太多了反而让你更纠结。

生活本就无奈，但能否活得有爱，完全取决于我们以什么样的态度和精神面对生活。其实每个人都有纠结的时候，只要人的思想运行着，纠结便会存在，伴随这个人一生。纠结不可能完全被驱除掉，但我们可以通过一些办法来消减纠结，让阳光尽可能多地照进内心，这样的生活才能更有爱。

测一测：生活给你开了哪些罚单

 微寄语 爱生活，生活就爱你；糟践生活，生活就会报复你。生活不是小心眼，却会给你开出一些罚单。搞清楚这些，能让你知道哪种生活方式是错的。做出正确的微改变，生活会更加美好。

习惯和毛病都能成为自然。从小到大，或许你知道自己有什么好习惯和坏毛病，但你未必能分清哪些是习惯哪些是毛病。其实每一种习惯都是一种保障，而每一个毛病都是一张罚单。看问题选择最适合你的答案，没有则不用选。看看生活给你开了哪些罚单？

1.换下来的脏衣服，你会如何处理？

A.随手一丢，想起来的时候没衣服穿了，才会洗干净。——+3

B.和其他脏衣服放在一起，等着定期洗涤。——+10

C.几件脏衣轮换，能穿的时候就穿，实在脏得不行了再洗。——+2

D.有时间就马上洗，没时间就先放下，一有时间马上洗。——+9

E.受不了不干净，不管什么情况，必须马上洗干净！——+5

2.你很喜欢喝可乐，可你也知道可乐会疏松钙质，你准备如何？

A.坚决再也不喝可乐了，虽然忍着不喝的感觉很难受。——+8

B.能忍的时候尽量忍，实在忍不住了，就少喝几口。——+6

C.忍什么忍，那还不如要了我的命，我就喝了，又能怎么样。——+3

D.像戒烟一样，逐渐减少摄入量，时间久了自然就戒掉了。——+10

3.你的卧室都有什么，选择最贴近你生活的？

A.椅子——+9

B.书桌　椅子——+10

C.书桌　椅子　电脑——+5

D.书桌　椅子　宠物笼子——+4

E.书桌　椅子　电脑/宠物笼子　烟——+3

4.公司距离你家大概有公共汽车一站半的距离，你如何上班？

A.只要时间允许，肯定会走路，锻炼身体嘛。只是大多时候我时间都不够！——+3

B.能走路的时候一定会走路，大部分时间我都是这样上班的。——+10

C.坐公共汽车啊，这样多省心，我很怕累的。——+3

D.打车或者开车，这样更有派头！——+3

E.搞什么搞，我是宅的好不好！公司，公交车，走路，这些离我都很遥远……——+1

5.除了工作、学习的必需，你每天会在网上待多久，做什么？

A.两个小时左右吧，看看新闻，给朋友们留留言，仅此而已。——+8

B.除了睡觉、吃饭、上厕所，都在网上闲逛，玩游戏。——+2

C.斗地主啦，每天四千豆，啥时候玩没啥时候算。——+5

D.几乎很少吧。——+1

E.有必要就上网,没必要就不上,新闻可以从报纸和电视上看的。——+9

6.周末,在你确定没有任何工作会打扰你的情况下,你的手机一天没有动静。

A.时不时翻看,这货一定是坏了,我的朋友那么多不可能没人骚扰我的。——+6

B.管他呢,不响是好事,正好落个清静。——+5

C.有点不对劲,主动打个电话问问是不是出什么问题了。——+3

D.打一下10086,如果通了就是没坏,然后不管它。——+10

E.我周末从来都是关机的,不是说给手机放假嘛。——+10

55~60分

有良好的生活习惯,善于运用智慧解决难题,你知道该如何生活,也知道如何让烦躁和乏味变得有声有色。不论工作、学习还是生活,略显严谨的你不失为洒脱的个性。只要你善待生活,生活同样会善待你。

36~54分

洒脱是你的主旋律,但有些时候你也会忽然很过分地强迫自己,这是你的硬伤。你希望自己生活得有规律,希望自己生活得更好,也正在向着这个方向努力。实际上你距离最好的自己只有一步之遥,努力吧。

25~35分

实话实说,你有一些神经质,不听劝是你最大的毛病,不仅如此,你连自己都很难说服,或者有时会故意放纵自己,或者干脆为自己的错误找借口。生活不得不向你亮起红灯了,你,必须注意了!

1~24

习惯、智慧、个性，生活目前不打算在这些方面向你亮灯。实话实说，如果你选择的答案都是你心里想的，你唯一的优点可能只有坦白了。你这个人，从本质上就需要改变。

0分

这里已经解决不了你的任何问题了。

Chapter4

爱上不完美

有人也许会问了，不是做最好的自己吗？为什么还要爱上不完美。最好不等于最完美，只有通过一些微改变，发现自己的不完美，爱上这些不完美，和这些不完美做最好的沟通，给这些不完美一些最适当的建议，才会越来越接近最好的自己。

给心灵建一个回收站

 微寄语 人要想快乐起来，需要把消极的情绪及时处理丢掉。为此，人人都需要给自己建立一个情绪垃圾回收站，随时随地把焦虑、失望、恐惧、紧张和嫉妒装进去，然后彻底清空。让自己心灵的天空永远清澈明亮。

旧软件，难用了，右键，打入回收站。

旧文档，没用了，右键，打入回收站。

破游戏，不好玩，右键，打入回收站。

每个人的电脑上都有一个回收站，所有不用的、没用的软件或文档、系统运行产生的垃圾都会被打入回收站，之后再删除。回收站就像一个贪吃鬼，不停地吃进各种各样的数据，然后消化，删除。有了回收站，电脑运行的速度更快了，界面更清晰了，操作也更流畅了。

人如电脑，想要高速运转，必须常清垃圾。

相较网络的虚拟，每一个人都生活在实实在在的现实世界中，随着社会竞争的激烈和时代的高速发展，人们的生活压力越来越大，人际关系也更加复杂。快节奏的生活和无休止的挑战，使人们身心俱疲，原本的纯洁都已千疮百孔，感情不再单纯，眼神不再清澈。

每个人都希望自己的心胸能更开阔，心态能更乐观，眼光能更独到，心境能更平和，这些光靠那些有名有实的励志书和被人嚼烂了的养生之道根本不可能实现。人脑如电脑，如果想要更加流畅、高速地运转，必须建立一个心灵回收站。

有选择性地删除：看轻让自己沉重的，放下让自己不快的，忘记让自己痛苦的。

失败者看成功者眼气，肥胖者看苗条者妒嫉；穷人怕生病，富人怕没命；父母担心儿女学坏，儿女牵挂父母不快；老师怕学生不听讲，学生怕校长找家长；开车的讨厌红灯，走路的讨厌红灯时开车的……

不良情绪不是虎狼，却猛似虎狼。千万别不以为意，莫名其妙地烦躁，不名所以地担忧，神经质似地发愣卖呆，不知所措地歇斯底里，都是不良情绪在作怪。心灵回收站就是解决掉这些看似不大的麻烦的最好工具。其具体办法，说白了就是看轻、放下和忘记。

每个人的心里都有一些沉重的情绪，那些让自己食不知味、夜不能寐的，比如还有堆积如山的工作没有完成，高额的贷款要还，赚不够的奶粉钱。这些问题是首先要删除的——既然一时半会也不能把这些拿起来，不如干脆看轻，轻松地面对生活和工作，把状态调整到最佳，这样才有可能再信心百倍地把这些拿起来。

又回到羡慕嫉妒恨和孤单寂寞冷的话题上了，这些问题就像秃子头上的假虱子一样，明摆着就是不咬人却恶心人的"物种"。这些情绪就像毒素一样不断地侵蚀着人的思想，如果不及时处理，小毒瘤迟早会长成大炸弹。

这些情绪其实是本就不该存在的情绪，因为这些情绪没有任何实际意义——羡慕嫉妒恨有用吗？没听说过谁把谁直接恨死的。孤单和寂寞是伴随着每个灵魂与生俱来的，都孤单这么久了，难道还没习惯吗？

曾经失恋的打击，曾经"小三插入"的经历，曾经尴尬异常的讲演，曾经和尿泥的年纪。人的一生会有无穷无尽的经历，每个人的心底最深处都藏着一些伤疤，有些虽然早已愈合，却不敢再提起，有些则从始至终都淌着血。

既然已经成了过去，干吗还要留在心里占着位置？难道你没有意识到，每天带着这些垃圾工作、生活、学习，等于每时每刻在无形之中增加了负担吗？为什么不干脆把它们彻底删除，不留一丝痕迹呢？那时你会觉得天格外蓝，阳光特别地暖。

养成每天清理"垃圾"的习惯。

心灵回收站是不收费的，对身体还有好处。既然有这么一个好玩意，为什么不多用用它呢？养成每天清理"垃圾"的习惯吧。如果把人体的休眠比作电脑重启的话，每天关机之前，一定记得清理一下垃圾情绪。

今天有什么让我不快乐的？

今天有什么让我很难堪的？

今天谁给我脸色看了？

今天我看谁不顺眼了？

今天我有过什么担忧……

都说小时候得到幸福很简单，长大了能够简单就是幸福。都说吃亏其实是福气，看得淡才能更顺气。这一个"简单"和一个"看淡"，其实不就是心灵回收站清理垃圾的过程吗？

每天坚持看淡一些，忘记一些，放下一些。养成自省的好习惯，知道哪些该取，哪些该舍，知道如何剔除毛碎，留下精华。然后把这些没用的"垃圾"统统丢进回收站。当第二天早起"开机"醒来的时候，没准脑海里会出现这样一行字——您的开机速度打败了全国99%的电脑！

为什么我处处小心，却总是丢三落四

微寄语　处处小心不等于谨慎周全，改掉丢三落四的毛病，从此之后会省了很多亡羊补牢的麻烦和悔不当初的哀叹，会减少因遗忘而产生的错误，会在做事的时候完成得更周全。

　　人生的过程就像在堆砌一座金字塔，从基石一块一块码起，一直到顶端的辉煌。我们每做一件事情，就相当于在这座金字塔上码放了一块条石，如果事情做得很成功，这块条石也会很坚固；如果事情失败或者半途而废，再或者完成得不是很理想的话，这块条石就会很脆弱。如果脆弱的条石太多，人生金字塔早晚会垮掉。

　　事实上没有一个人的人生金字塔是绝对稳固的，就算再成功的人也有不结实的部位。而普通人则问题更多，丢三落四便是其中一个很大的缺陷。有些人虽然处处小心，却总是忘东忘西，这些人的金字塔早已东倒西歪，随时都有坍塌的可能。

　　很多人都会经常遇到这样一些事情，完成的结果虽然不是很理想，但也是完成了。对于那些不尽如人意之处，大多数人经常会以"差不多就得了"类似的语言来安慰自己。有一些事情，可能做起来有些难，或者遇到了其他阻碍，总之最后是没有完成。还有些只是曾经想要去做，却一直没有去做，对于这些事情人们一般也认为是"不做也没事"。

实际上这些安慰就是人的梦魇，它们始终藏在人内心深处，总在不经意间跳出来扰乱人的心志。在这种刺激下，人们无论做什么事都无法全心全意。它们的存在还会让人产生一种潜在的习惯。内心总会小声地重复"就这样吧"、"差不多就得了"、"做不了就别做了"，渐渐地，人们开始马马虎虎，丢三落四。不管如何小心，还是会在不经意间犯些小错误。

好习惯克制粗心，让人变得更完美。

粗心大意是每个人都有的毛病，就像每台电脑都可能会被病毒危害一样。电脑虽然没有人脑复杂，但人脑却不如电脑精准。就连电脑都有计算误差，人有时候会粗心一些，也就在所难免了。想彻底戒除粗心当然不可能，但我们可以养成一些行之有效的好习惯来克制粗心。

养成写工作日志的习惯，不仅可以帮你记录每天经历的事情，做好备忘，还可以帮你总结经验教训，在你以后遇到类似问题的时候方便查阅。每天把所有的经历一笔一笔地记下，等于又对当天的一切加深了印象，这时你很可能会发现，有些事做得并不够好。记录它，设计一个更好的办法，下次再遇到的时候就可以派上用场了。

制订时间管理的计划。每个成功的人都是善用时间的人，合理地利用时间会使你的有效工作时间延长，会消除你焦头烂额的状态，还会为你节省出休息娱乐的时间。要分清事情的前后顺序，什么事情应该先做，什么事情可以延后，什么事情可以穿插在一起。还要给每件事情分配时间，这件事需要多久，那件事需要多久，如果把这两件事穿插的话又需要多久。

学会重视每一个细节。"差之毫厘，谬之千里"的意思谁都懂，生活中的很多大灾难往往是由一个小问题造成的。我们身边的每一个细节都是一个小问题，无论处理什么小细节都要用心去对待。不要因为事情小就觉得无所谓，也不要因为事情重大就畏首畏尾。遇事可以大胆，但不要慌乱。

学会更有效地组织工作。独木难成林，一人不为众。简单的事情你可以独立完成，但遇到复杂的问题时，你最好学会"Team Work"。不论足球场上的球队，还是普通工厂的车间，每一件事情都是在众人的分工协作之下完成的，如果一个人只做一件事，那么当他做久顺手之后将会节省很多时间，这样也更利于他熟练地完成。如果让10个人分别去组装一辆汽车，远远没有10个人协作组装10辆汽车省时省力。

养成"瞻前顾后"的好习惯。这个"瞻前顾后"并不是"怕前怕后"的意思，而是要在你做事的时候想想前、想想后：清晨，当你穿戴整齐准备出门的时候，在打开门的刹那，要想想"我确定没有忘记什么东西吗？昨天的文件我都装在背包里了吗？我今天穿的衣服有没有问题？我有没有忘记带钥匙……"如果确定了所有，那么就走出去，锁好门。千万别等着门锁上的刹那你才想起来忘记带钥匙，也不要在走到半路的时候才发现自己穿少了。

养成记口诀的习惯。这个口诀能在很多时候给你提醒，比如上面"瞻前顾后"中的例子，你可以做一个"伸手要钱（身手钥钱）"的口诀，即出门的时候要准备身份证、手机、钥匙、钱包。这种口诀可以在任何一件事上形成，你要做的只是把口诀背下来就可以了。

丢三落四并不是个人特点，只是习惯使然。所以，当你丢三落四的时候，千万不要以为"唉，我天生就这么笨，没办法"，而是仔细找原因，再从眼前做起，做好计划，想好时间，分好程序，用心去记每一个口诀，做每一件事。

在你的"蜗居"上多开几扇窗

 微寄语 如果总是让心蜗居，早晚会"蜗"出病来。适当的时候要把它拿出来晾晒一下、清扫一下：把该忘掉的回忆彻底尘封，把错误的思想彻底调整，让盲目、烦闷等坏情绪彻底归零。

每个人都有自己的"蜗居"，我们喜欢把不完美藏在"蜗居"里，希望它们不要出来见人。这些人把"蜗居"当成调整自己的最佳场所，当成躲避灾难的避难所，人可以"蜗居"，思想同样可以"蜗居"，但我们应该在"蜗居"上多留几扇窗，让你想藏的东西，时常可以出来透气，也许吸收了新鲜的空气，不完美会消散。

但思想的"蜗居"并不是让你把思想禁锢，而是调整。此刻的你，或许正在尝试着把思想放入"蜗居"凝练一下，可你却觉得自己的目光越加短浅，视野不再开阔，思想越来越狭隘。恭喜你，你"蜗"错了方向！因为思想的"蜗"并不是让你停顿，而是感悟。

小和尚受不了山上苦修的日子，他每天都对师父喊着各种无聊。

"你为什么会无聊？"师父淡淡地问他。

"你看，这偌大的山上，只有你我二人，平时连个说话的人都没有。"小和尚哭丧着脸回答。

师父把小和尚领出了寺院，站在山野之间。

"这是什么？"师父指着一棵参天巨树问小和尚。

"树啊！"小和尚不假思索地回答。

"这又是什么？"师父指着一朵花问小和尚。

"花啊！"小和尚心想师父是不是发烧了，怎么问这么简单的问题。

"那呢？"师父指着远处的溪流。

"水啊！"小和尚问师父，"您到底是怎么了？"

师父笑而不答，只是把耳朵贴到了树上，闭上眼仔细聆听了一会儿。然后微微低头，再俯身把耳朵贴在了花朵上，接着皱皱眉，睁开眼睛看了一眼小和尚，这才站直了身子。

"师父，您怎么了？"小和尚不解。

"我刚才听到树说：'好开心啊，我每天都在不停地生长，这样下去，用不了多久我就是这片树林中最高大的树了！'我又听到花朵说：'好伤心啊，我一直想和你的徒弟说说话，可他每次从我旁边经过，任凭我如何呼唤，都不理睬我。'"说完，师父面带微笑地看着小和尚。

小和尚惊愕，但马上醒悟过来，知道这是师父在教导他，连忙闭上眼睛仔细感受。他感受到了树的喜悦、花的哀怨，也听到了溪流的笑语、白云的孤独。他睁开眼睛，满脸的畅快自在。

今天你"蜗"了没有？什么！还在"蜗"着呢？天天这么"蜗"着你不觉得无聊吗？总"蜗"着不好的，你要小心"蜗"出病来，在"蜗居"上多开几扇窗吧。

"蜗居"上的窗，每一扇窗都代表着一种感悟。透过任何一扇窗，你都会看到不同的景象。放下你手中的所有工作，跟着这些文字，静下心来，去仔细感悟吧。

爱上不完美

透过时间的窗，感悟时间。

时间是一杯水，不论你是否会喝这些水，它们都会一点一点地蒸发。时间一秒一秒地过去，就像童年时的梦，在无忧无虑间悄然滑过。时光飞逝，往事如烟云飘散，仔细回忆，你生命中有多少时间是荒废的，又有多少时间是被你真正抓住的。

记忆如歌，她代表着你所有的过去，她是你对明天的启示和惊醒。记忆是不断延伸的，这一刻的你，马上就会变成下一刻的记忆。时间就是这样不停地走着，在你的指间，在你的眼间，在你的每一个呼吸之间。

透过生命的窗，感悟生命。

生命像一条河，它承载着你所有的梦想和得失，它奔流不息地流淌着。无论你怎么努力，都不可能延缓它前进的步伐。你乘坐一条小舟，随着生命漂流，感受每一滴水的喜悦悲伤，感受每一阵风的轻松自由。

生命只有一个方向，未经历的都是你的憧憬，经历过的都只是过去。年少只有一次，青春只有一次，生命也只有这一个轮回。在你的生命中，你抓住了多少，又感受了多少？

透过挫折的窗，感悟挫折。

挫折是一把锉刀，它磨砺着你的每一寸筋骨，把你的所有棱角锉平。年少时的你，锋芒毕露，激昂慷慨，无论什么事情你都想崭露头角，都想高人一等。你渴望被注视，渴望被称赞，渴望被人崇拜。

但你忘了那句"出头的橼子先烂"，挫折在这时候适时地出现了，它给了你一记重击，给了你一个深刻的教训，它告诉你：永远不要把自己和人类分开，因为你是人类的一分子。

透过失落的窗，感悟失落。

失落是一杯酒，香浓醇厚，它蕴涵着你内心深处最脆弱的触动。谁不羡慕富有，谁不憧憬明天，谁不希望成功，谁不渴望辉煌？但造化弄人，总在你慷慨向前的时候浇下一盆冷水，失败了，失落了，也失去信心了。

失落拿起一片落叶，让你看着它是如何从枝头绽露，如何发芽成长，又是如何凋零枯败。失落告诉你，如今的你可能就是这枯败的落叶，虽然你曾嫩绿勃发过，但那只是过去，你应该把失落彻底赶走，重新孕育勇气，把自己视为广博世界的一分子，用心、用激情去拥抱明天。

透过自信的窗，感悟自信。

自信是一棵生长在岩间的小草，在晨露的滋润下发芽、生长，与岩石风霜对抗，最终破岩而出。它不像花儿一般美丽，也不像大树一般苗壮，更不像荆棘一般伤人。它就是这样平淡无奇，不与群芳争艳，不与大树比高，不与荆棘为伍。

小草是最易被忽略的，在你的心田，有着无数美丽的绿植，你往往会把目光放到鲜艳的花朵和高大的树木上。你虽然会躲着荆棘行路，却总是肆意地践踏小草。虽然如此，小草仍然坚强地生长着，它只是想用自己的行动告诉你：面对痛苦磨难的践踏，你却不能像草一样坚强。

透过乐观的床，感悟乐观。

乐观是一面透视镜，不论你面对什么，它都能让你透过这些表象看到本质。无论你眼前的事物有多么错综复杂，多么绚丽多彩，多么恐怖阴暗，乐观都能让你看清：经历这些的都是你，你的态度只依循你自己的看法。

乐观是你失落后的坦然，乐观是你失败后的不屈，乐观是你平淡时的自信，乐观是你无奈时的强心剂。乐观说：天塌下来有个儿高的顶着，水涨起来有个儿矮的填着，失败、痛苦和阴暗都是你的敌人，它们的目的就是打败你，你是帮助它们，还是帮助自己都由你说了算。

透过平凡的窗，感悟平凡。

平凡最简单，它只是一张纸，一张白白的纸。每个人最初时都是这张白纸，随着年龄的增长和阅历的增多，人们开始在这张白纸上描画，今天加一笔红色，明天添一抹绿色，今天画一幅壮锦，明天绘一个魔鬼。

　　你的纸张是什么样呢？色彩绚丽的纸，还是色彩单调的纸？画了美丽风景的纸，还是画满魔鬼的纸？无论是什么样的纸，你需要注意的是，"的"字前面的一切都只是修饰，最重要的还是最后一个字"纸"，只是一张纸，一如开始时的平凡。

　　你在思想的"蜗居"上打开了无数扇窗，透过这些窗，你还可以感悟日出日落，感悟大海潮汐，感悟花开花谢，感悟春蚕吐丝，感悟物竞天择，感悟晨露寒霜，感悟红霞满天。每一扇窗都是对你思想的一次凝练。每一次感悟都是对你思想的一次升华。

　　感悟，要把自己与世间万物真正联系在一起，并不是让你把自己彻底融解，而是感悟世间所有。感悟它们的每一个细节，然后把这些细节和你自身联结在一起，真正地和它们融为一体。牢记住每一扇窗，牢记每一次感悟吧！

减价处理那些羡慕嫉妒恨

 微寄语 减价处理那些羡慕嫉妒恨，虽然少了"动听"的恭维奉承，却同样能使精神得到优越感和满足感。没了羡慕妒嫉恨，自卑没了，懊恼没了，羞愧和不甘也会烟消云散。

暗淡无味的人生啊，几十年来一直不停地羡慕嫉妒恨，看看那个如日中天的总经理，那口才，那能力，那叫一个风流潇洒！

我买不起四袋苹果，他却拿苹果四代砸核桃了！羡慕啊！

我的工资才赶上非洲，他的工资已经超越欧洲啦！嫉妒啊！

我生病连药店都不敢去，他却住进五星级医院啦！我恨啊！

羡慕嫉妒恨，影响人类进化的双刃剑。羡慕升级为妒忌，妒忌导致恨。羡慕升级为发奋，发奋导致成功。

焦急的时候会不知所措，恐惧的时候会寒毛倒立，失败的时候会悲伤沮丧，激动的时候会心跳加速。每个人在面对不同情况的时候都会产生相应的情绪，就像当你看到别人强于你时，你会自然而然地产生羡慕一样。

如果能够正视羡慕嫉妒恨，那么这种情绪就会变成催人奋进的动力。

攀比之心使人们产生自强的信心，激励着人们不断进步，直至超越前人。但更多的时候人们在面对羡慕嫉妒恨时，都会将这种情绪破罐子破摔似的恶化。这时人们的眼光和量人的尺度都会产生变化，想方设法地发现对方的不足，或嗤笑，或攻击。这些人每天最爱做的事情就是处心积虑地寻找别人的把柄。

有人说"爱恨只在一念间"，"爱"原指爱情，但这里"爱"的意义是爱戴。爱恨只在一念间，当你对别人产生羡慕时，你想将这种羡慕转化成促进自己前进的动力，还是变成使自己堕落的嫉妒甚至是恨，其实这都在于如何处理羡慕嫉妒恨。

减价处理对别人的羡慕嫉妒恨：看轻些，想开些。

看得轻一些，别用自尊来掩盖你的自卑。心重是很多人都有的毛病，有人片面地把这种性格理解为自尊心强，事实上这跟自尊没有一点关系，之所以会这样，完全是自卑的心理在作怪。尤其是看到强过自己的人时，自卑的人会把自卑掩藏起来，以个性和自尊来示人。

很多人在这时候都会说"我才不在乎呢"、"无所谓，反正我不羡慕"之类的话。其实越这样说，就说明他们越"在乎"、越"所谓"。何必这样想呢？富不富有是自己，强不强大是自己，有才没才是自己，自己就是自己。活自己的人生，过自己的日子就好，何必把别人的位置那么当回事呢？看得轻一些，就能活得更洒脱一些。

想得开一些，别让身上长满尖刺。有些人心眼小，爱计较，受不得委屈，忍不住刺激。这不是敏感，也不是思维敏锐，就像患了红眼病、气迷心。他们受不了别人比他有钱，只要见别人赚钱了，就开始自怨自艾。只要见别人更有能力，就骂爹骂娘。别人在谈笑风生，他就觉得大家都在孤立他。别人对他笑笑，就觉得那是在嘲笑……

一个人如果变得越加敏感，不管别人如何对他，哪怕只是一句善意的问候，都觉得那是另有所指。这时，他会像刺猬一样"保护"自己，张开了所有的刺，刺尖一致对外，不管谁想靠近，一个字——扎！

事实上这些人并不是在保护自己，他们虽然攻击了别人，但受伤最大的却是自己。他们根本没意识到，不管他们如何对待别人，别人都无所谓，反正大家都有各自的生活。而他自己只能一如既往地做那个越来越讨人厌的"刺球"。

羡慕嫉妒恨源于内心不够强大。别把自己太当回事，任何人都没有炫耀的权利。

要知道，羡慕嫉妒恨并不是别人带来的，这和开心、悲伤、忧郁、惆怅一样，任何人做的任何事情都只是外因，最主要的是内心如何想。如果觉得开心，那不管天塌地陷，都是开心的。如果自信满满，那么这世界上就没有任何人值得羡慕。

这不是让你盲目尊大，从本质来讲，每个人都与其他人没有任何区别，大家都有思想，都有生命，都有奋进的能力和权利，所差的只是各人的起点不同。但可以通过努力让自己的迅速提升，只要有足够的自信和强大的内心，任何人都可以追赶得上。

好吧，一个人的内心足够强大，可能会羡慕别人，但绝不会嫉妒，更不令恨。或者某人现在已经处在一个比较高的位置，只有别人对他的羡慕、妒嫉和恨。他可能会觉得这样挺好，因为那都是对他的承认。

当一个人成功时，千万不要炫耀，尤其是当别人羡慕时。过分地炫耀会引来嫉妒，当这些嫉妒变成恨时，就要小心了。有那么多人都在处心积虑地想要搞破坏，恨不得马上把你拉下去，摔得粉身碎骨。

记住，别人的羡慕不只是一种承认，其中还包含着部分嫉妒、恨，和一部分推动的力量，这种推动源自别人的追赶。在被羡慕的时候千万别忙着得意，不如把精力放在前进的脚步上，否则用不了多久就会被人赶超了。

羡慕嫉妒恨是每个人都会有的情绪，人性也正是因为这些瑕疵的存在才更具美感，所以千万不要因此而产生负罪感，只要用正确的方法来降低它们的危害就可以了。其实不管对别人，还是别人对你，减价处理羡慕嫉妒恨其实并不难，难的只是能不能每天、每次都做到减价处理而已。

打电话的时候，不抽烟也不涂画

 微寄语 打电话的时候应该专心，不论是公事还是私事，这是对对方尊重的一种表现。把听电话专心养成习惯，并带到生活和工作中去，做事的精度和准度会大大增加；当别人得到了应有的重视，人与人的关系也会更加融洽。

如今，电话已经和吃饭睡觉一样成了人们生活中的习惯。想朋友了，打个电话；想亲人了，打个电话；汇报工作，打个电话；逢年过节，打个电话——电话缩短了人与人之间的距离，方便了人与人之间的沟通。

打电话的时候，你喜欢做什么？

一边打电话，一边抽着烟，吞云吐雾，与老友畅谈，那感觉别提多自在了。只是经常事后忘了都聊过什么，有几次还差点被烟烫着手。

嗯，端杯咖啡，抱着电话，让自己窝在沙发里，煲电话粥啊，没什么比这更幸福的了。可惜不小心弄洒了咖啡，明天还得洗沙发套。

电话礼仪里讲，打电话的时候一定要专心，不能一边打电话，一边做其他事情，要把所有注意力都放在电话中的交谈上。而事实上，几乎所有人都有在打电话的时候做些别的事，结果把事情搞得一团糟。

打电话的时候开车，结果车撞上了树。

打电话的时候取钱，结果忘了拔卡。

打电话的时候写稿，结果敲错了好多字。

打电话的时候画画，结果事后不仅忘了电话里的内容，画也画得乱七八糟。

打电话是最费神的事情。

大多数人都赞成电话交流不如面对面直接交流来得方便，也更不容易将问题叙述清楚。有时候面对面可以解决的问题，电话里却会误会百出。这是因为人们在面对面交流的时候，除了语言，还有表情、动作和眼神等可以表达自己的意愿，当这些反应被对方捕捉时，就算不说话，对方也可以明白你的意思。

但在电话中，双方能听到的只有语言，靠着语气、声调和响度来表达自己的情感。说白了，就是要用一张嘴来代替肢体的动作、面部表情和眼中的神采，这在无形中加大了表达的难度。

从小父母老师一直教育大家做什么事都要专心致志，不能像钓鱼的小猫和掰玉米的猴子一样。大家从那时候就知道了一个最基本的礼节：与人交谈的时候不做其他事，以示对对方的尊重、对事情的重视和自己的真诚。

如果面对面交谈的时候，人的费神度为50，那么电话交流的费神度就是100。在50的时候尚能专心致志，为什么到100的时候却要做些不相关的事情来加大自己的脑负荷呢？

有时候，忙碌只是假象。

可能你觉得很忙，你每天都有那么多事情要处理。现在电话铃响了，你又不得不接，所以你只能边接电话边工作，或者抽着烟，画着表，忙得焦头烂额。这种行为的最终后果大多是电话打得不知所云，工作做得乱七八糟。

如果你真的很忙碌，建议你在忙碌的时候把电话调节到飞行状态或者干脆关机。如果你有什么原因必须使电话保持畅通，那么也不要急躁，专心接电话，在最快的时间讲完电话，再继续工作。

话说回来，你真的那么忙吗？难道你连上厕所的时间都没有吗？如果你有那个时间的话，你完全可以在路上打这个电话，这样不会对你的工作有什么影响，也不会浪费你的精力。

别总想着一心二用，谁都不是"靖哥哥"。

《射雕英雄传》里的郭靖可以一心二用，现实中的人却没有几个可以左手画圆，右手画方。虽然从生理学角度来讲，当一些行动成为习惯时，每个人都可以做到一心二用。但对于接电话这种事情来讲，是永远成不了习惯的，除非在接电话的时候不停地说"嗯"，也不在乎对方究竟表达了什么。

从生物学角度来讲，人能自主完成的行为只有正常呼吸、眨眼和新陈代谢，其他行为都是需要耗费心神的。在打电话的时候，除了讲电话本身，人所做的每一件事、每一个动作，都要耗费精力。

讲电话的时候，脑信号一直处在发出和接收这种不断互换的状态，如果这时再加上另外一条需要用脑的线路，那么结果就是要么短路，要么断路——抽烟烫手，走路摔跟头。换句话说，是在冒着把自己逼疯的危险讲电话。

电话礼仪很重要，让对方听出你的尊重和真诚。

如果在和别人交谈的时候，你听到对方在电话那头噼里啪啦地敲打着键盘和人聊天，你会是什么感受？觉得对方冷落了你，不在意你，轻视你……反过来讲，你在打电话的时候画画，抽烟，做其他事，不就是在暗示对方"我根本不把你当棵菜"？

电话是双向进行的，在听到对方传来声音的同时，你的声音也会传入对方的耳中。如果对方感受到了那些不真诚和不尊重，影响了交谈的心情，那么这样的通话根本不可能在正常、欢乐的气氛中进行。

不要因为一个电话失去一笔财富。

不管是出于什么原因，使你必须在打电话的时候做其他的事情。不管是故意想摆出一副抽着烟思索的样子，摆造型，还是对电话那头的人厌烦无比，或者你真的是个日理万机的大忙人。有没有想过，电话意味着什么？朋友的电话，是友谊的象征；领导的电话，是关乎工作的要事；亲人的电话，是他们的担忧。这一切都可称之为财富。别看这只是一通简单的电话，如果因为抽一支烟或者画一张画使这次电话通得很失败，那很可能会因此而失去一个要好的朋友、一次晋升的机会，甚至更多谁也背负不起的损失。

每月给手机放几天假

 微寄语 手机是人交流和沟通的工具，不是奴役人的主人，千万别总为了手机而每天24小时紧张焦虑。每个月抽出几天时间，给手机放个假，用这些时间去和亲友团聚，做些自己喜欢的事情。

大房子住上了，好车子开上了，大把大把的票子揣进兜了，可是生活质量提高了吗？当然，你可能会说：

咱现在想吃啥就吃啥，什么贵买什么，什么对身体健康有益吃什么！

饭局啊！真够多的！一晚上就要赶好几场，不去还不行，谁让咱受欢迎呢！

这还用问？看看我穿的是啥，这可是世界名牌，名牌！

生活质量真的提高了吗？你会不会经常掏出手机，看一看，再放回口袋？

有多久没和家人一起出游了？

有多久没和爱人一起散步，看电影了？

逢年过节，你是不是因为担心工作而如坐针毡？

你会不会常常感到压力大，强颜欢笑，觉得脸上戴着一副面具？

现在的社会已经不是20年前带个BP机就觉得高人一等的时候了，如今的书早已成了摆设，电视成了家具。曾经昂贵的电脑如今已成了主流，短信代替了书信，手机更成了必不可少的通信工具。

大压力和紧张的生活节奏是每个人都要承受的，觉得焦虑和烦躁是再正常不过的事情了——为了生存，为了成功，为了更好地生活，人们习惯了经受各种各样的蹂躏。

很多人都有时不时看看电话的习惯，总是习惯性地掏出手机，看一眼，然后再放回口袋。他们害怕漏接电话和短信，怕耽误了各种各样的事情。这和很多人打开网页就要先看微博和空间一样，久而久之，习惯成了一种负担，甚至上了瘾——只要有一会儿不看就不舒服。

手机可以开机31天，人却不能不休眠。

大多数人的手机都会24小时开机，只要有电，就让手机一直处于畅通状态，哪怕明知道某个时间不会有人给自己打电话，也不敢关机，就怕万一出现意外。实际上，只要人们的手机开着，就总有一丝精神牵挂着。长期下去，或许大多数人觉得已经成了习惯，但确实消耗着每个人的精力。

手机可以31天一直开机，人却不能不休不眠，每个人的承受力都不是无限的。如果总是把心思放在某件事上，时间久了，肯定会出现问题。像上面那种掏手机的行为，其实就是一种病。

不要每天都让自己那么忙碌了，手机打爆了可以买新的，可身体折腾尽了，上哪去买新的？与其让自己每个月的31天都处在高速运转的状态，不妨给手机放个假，彻底断了掏手机的念头，让自己也回归原始，体会一下为人的本性。

关掉手机，寻找自由、健康、存在、思索和情感。

找回曾经的自由：每天被大事小情拴着，却从没忘记当年的梦想。有向往的新疆的戈壁、漓江的如画风景，更向往畅游西藏。可一直都不敢有所行动，因为害怕哪天手机忽然一响，必须马不停蹄地赶回来。

现在不用怕了，手机关了就代表着没有任何束缚可以阻挡你家的脚步。根据每个人的时间制订一套合理的外出计划，放下公事放下心浮气躁。唯一的任务就是：轻松自在地享受大自然，享受生活的乐趣。

找回健康：外出有车子，做饭有厨子，就连和朋友聊天都靠电话。现在人越发地退化了，就连跑个步放着不花钱的大街不用，非要到健身房去。就连下楼买包烟的力气都不想浪费，打电话直接叫上来。其实很多事情都不是只有手机才可以完成的，人们习惯了方便省心，却忘了原本自己还有一双脚。

健康就是这样被一点一点地磨没了，人们都成了不食人间烟火的超然存在。如果今天恰巧想吃点什么，干脆走路去超市吧。别看只有十几分钟的路程，如果每天都能这样走一走，对身体的好处却是相当大的。

恢复存在感：紧张的工作节奏和生活使人们习惯了各种各样的忙碌，"起得比鸡早，睡得比狗晚"根本不是笑谈，而是真实的生活写照。房子，不论是租来的，还是买来的，每天有多少时间会在房间里呢？

科学家认为，人只有在自己家中才最有存在感。把手机关上几天，好好在家"蜗"一下吧。要知道，在这里每个人都是主宰。收拾、打扫、腐宅，这没什么大不了——只有找到了存在感，才更有信心和动力去迎接其他挑战。

开始思索：人不是永动机，不可能无休止地运转而不需要休息。每天的睡眠时间最多可以保障第二天不会太过疲倦，却不能帮忙清理掉那些日益增多的思想垃圾。谁都需要有几天时间去彻底整理一下心灵的回收站。

需要思索，思索过去这段日子里的得失。思索一下现在拥有什么，思索一下想得到什么，思索一下在得到的过程中又失去了什么。需要剥茧抽丝，去掉所有心中的隐疾，还一个清白的自我。

缝补情感：有人说情感是人类赖以生存的最终基础，友人、爱人、亲人，有多久没和他们团聚了？当他们关心地问你是不是很忙，提醒你要注意休息的时候，有没有感受到他们传达给自己的关怀和重视？

给手机放几天假，该去回报一下他们了。陪父母聊聊天，和朋友散散步。如果恰巧有个很想念的旧友，那么亲自登门拜访吧——面对面的沟通，能使交流变得更有人情味。

人因忙碌而完美，却不代表着每时每刻都要在忙碌中度过。手机虽然重，但还有些同样重要的事情等着你去做。每个月给手机放几天假，虽然可能会错过一些什么，但得到的肯定会远比失去的多！

买衣服只看质量和款式，别看牌子

微寄语 看牌子其实就是看价钱，很多人为了满足虚荣心而把精力和金钱都放在衣着打扮上，这是最庸俗的生活方式。衣服要穿着舒服，还要穿着得体。买衣服的时候若重点看质量和款式，既舒服，又得体，不是很好吗？

贵的还是对的，众说纷纭。质量、款式和牌子，很多人买衣服的时候都会在这三者之间纠结。随意在百度上搜一下，各种各样的说法都有。

质量当然是第一，衣服穿在身上感觉不爽，牌子和款式再好也没用；

款式才重要，只要是合身的，能让自己看起来更好的，不管什么质量和品牌。

品牌啊，傻瓜们，品牌是品位的象征，能穿品牌当然要穿。显得有档次！

质量、款式和品牌，说白了就是对的和贵的。不同的人想法自然不同，大部分人都认为只买对的不买贵的，但也有一部分人认为便宜没好货。之所以会有"对"与"贵"的较量，根本原因还是每个人的需求不同。买衣服有人只求穿着舒服，有人求的是穿着看着都舒服，有人则求的是心里舒服。前两种可以归纳到"对"的行列，最后一种则只求贵、求品牌。

要知道，同样一件衣服穿在不同人的身上，个人的舒适度不同，给人的感受也不一样。这就像范冰冰和凤姐穿着同样的绣龙旗袍，前者肯定让人觉得是一道秀色可餐的绝美风景，后者则是……此处省略3000字。当然，这里不是说贵的就不对，因为每个人对"对"的看法不同。不管你如何看待这个"对"的，我都要毫不留情地讲：求心里舒服的都是爱慕虚荣的花瓶。如果谁觉得"花瓶"也是"对"的，那只能去看心理医生了。

放弃品牌说，回归本源，做最好的自己——以人为本，而非自虐。

衣服是干吗用的？首先是遮体御寒，其后才是修饰美观。既然主要为了遮体御寒，合体舒适才重要。如果单纯地追求品牌效应，不管天冷天热，舒不舒服，也不管看起来顺不顺眼，只要是品牌，果断买之，这样的买衣服观念真的不可取。

这里不是忽略修饰美观，诚然，人们都会通过穿衣打扮来审视一个人，但有思想的人从不会觉得穿着名牌的人就是高水平的人。相反，得体大方才是最受欢迎的穿衣方式，也更易被人接受。

"人靠衣服马靠鞍"是对衣着得体的一种诠释，但这句话还有另外一层意思：如果马鞍不舒服，马也不会舒服，衣服穿着难受，人也不可能开心。为了追求品牌而使皮肤难受，完全就是一种自虐。

买衣如做人，有些思想必须改变。

这不是危言耸听，从你买衣服的方式就可以看出你是个什么样的人：只求舒适结实的人，诚恳朴实，随遇而安；只看品牌的"花瓶"，只关心别人的看法，至于自己穿着是否舒服完全忽略，这种人活得最累。

"Q7"虽好，但它的轮胎却不一定能放到"QQ"上，这和人穿衣服一样。要知道，衣服是穿在自己身上，不是穿在心上，也不是穿在别人身上。是否舒服只有自己知道，何必为了虚荣，为了别人的羡慕嫉妒，和那些言不由衷的称赞而让自己身体难受呢？搞不好还会把自己弄得不伦不类，贻笑大方。

爱面子没错，但要看爱在哪个面子上。如果只是流于表面，那这就不是简单的爱面子了，而是华而不实的虚荣。如果真怕失了面子，与其用名牌来掩饰自己的胆怯，倒不如实实在在地换上真正合体的衣服。

有些人买品牌是迷信品牌的质量，但不是所有的衣服质量都比不上品牌。某些品牌的衣服也有掉色、断线和炸缝的情况发生。有些人买品牌则是因为品牌贵，这些人觉得挥金如土就是一种"高层次"，就是一种"高追求"。

每个人都有自己的追求，如果把追求与铜臭挂上了钩，先不说审美如何，一下子就降低了无数个层次。就算穿着名牌，说到底有名的还只是衣服，而不是自己……

因人而异，哪些衣服可以买呢？

面料和质量是首选。不要一味地只求外观好看，谁买衣服都不可能穿几次就扔掉。不经洗不经穿的衣服是名牌也不要买。适合自己的才是最好的。颜色、款式、职业、场合和年龄都是需要考虑的因素，要尽量符合自身条件。

衣服要搭配，衣与裳从来不分开。一件衣服不论其品牌如何，在保证质量和款式的前提下，还要保证能有其他衣服与之搭配。盲目跟风是大错，可以借鉴服装杂志的推荐，也可以听别人的建议，但不一定别人觉得好看的衣服就适合自己。贪贵是大忌。如果是年轻人，不要买太贵的衣服，要看样式、舒适和流行度。如果是中年人，舒适、简洁、大方才是正道。

每个人的外形和气质都有所不同，不要以为只有长得好看的和有气质的人，才能把衣服穿出样子。谁都不可能是"衣服架子"，但如果用正确的方法选择适合自己的衣服，谁都能穿出专属于自己的完美风格！

蜗居的心啊，该出来透气啦

微寄语 定期让自己放松，让心透气，以真面目示人，做最真的自己。不论是贫贱、富贵、丑陋还是潇洒，最真的才是自己，毕竟在人生这出戏里要饰演的并不是那副面具。

浮躁的社会，浮躁的人，我们每个人其实都有自己的思想和好恶，但大多时候人们都习惯隐藏，心胸狭窄地故作高尚。开心的时候说悲伤，痛苦的时候装出无所谓的样子，明明厌烦得不得了，还得笑逐颜开地大声喊好。

有多久没有向别人敞开心扉了？有多久没有真正发自内心地笑过？有没有发现，很多人的脸上不知何时已经戴上了面具，内心也被包裹上厚厚的硬壳，把真实的自己完全地"蜗"了起来。哪怕在夜深人静，在自己的空间之中，只要电话铃声一响，马上就会换一副嘴脸。

这并不是说谁虚伪，也不是在贬低谁不真诚。人们之所以会刻意地封闭自己的内心，让内心蜗居，是因为觉得那样能最好地保护自己，也能让自己的缺点不外露，把"更好"的一面展示给众人。

有人觉得蜗居是一件好事，至少到目前为止没觉得给自己带来什么不便。对于自己肩上的压力和内心的无奈，总觉得是社会和现实带来的。可能自己说得是对的，但有没有想过，如此改头换面地活着，还是自己吗？

千万不要把蜗居当成隐居，不要每天24小时都让自己做另外一个自己。蜗居不是隐居，该透气的时候得透气。在人生这场戏里，你要做的应该是本色演出，而不是饰演别人。再纯洁的内心，蜗久了也会发霉，心病不是体病，没那么易痊愈。

对小时候的自己说声你好。

还记得小时候的自己吗？感冒的时候总会流着鼻涕，袖子上被抹得青一块、白一块。不管哭得多厉害，只要一块"大白兔"就能喜笑颜开。那时的自己是那么简单，虽然也有苦恼。但现在想想，那时的自己才是最幸福的。

多想想小时候，童趣是那么简单，一张糖纸，一块橡皮，一件花衣服，一个漏气的皮球，就是自己的全部乐趣。静下心来，在晚餐的餐桌上，对着台灯折一只纸鹤，拿起它，看着墙上的倒影，让它随心一起起飞吧。

解放你的喉咙，大喊大叫吧。

不要以为看电影是件落后的事情，不要觉得去KTV唱歌就是一种堕落。有多久没有放开自己的喉咙了？有多久没有感动过，没有因为电视里主人公的命运而掉眼泪？这不是强大的象征，而是麻木的过程。

找个无聊的周末，把自己从电脑椅上拔起来，穿上外衣，去看场电影吧。悲剧、喜剧、恐怖，不管是什么片子，感动的时候就彻底地哭，开心的时候就大声地笑，感觉害怕就放声尖叫吧，不要在意别人的目光。因为在解放喉咙的时候，心也会一样敞亮。

好眼泪和坏眼泪，尽情哭吧。

眼泪并不是孩子和小女人的特权，哭是一种发泄，也是一种人体正常的新陈代谢。谁都知道眼泪有毒，可有那么多人因为怕被别人鄙视而忍着不哭，哪怕受再大的打击，那样不辛苦吗？

多愁善感不是敏感，而是感情宣泄的正常体现。谁都不是铁石心肠的雕像，就连钢铁铸就的大黄蜂都会潸然落泪，我们又何必伪装自己呢？日出日落，花开花谢，悲欢离合，生离死别，或感动，或激动，或开心，或悲伤——每个人都有哭的自由，为什么不尽情地哭一场呢？

送自己一个会摇尾巴的伙伴。

孤独吗？无奈吗？每个华灯初上的夜晚，是否一个人走在归家的路上。残羹冷饭，就着冰镇可乐，这样的晚餐没有任何营养可言。这似乎成了一种习惯，抱着笔记本爬上床，就算睡着了，PPTV里还在播着没有营养的电视剧。

养一只会摇尾巴的小伙伴吧，不要觉得那是无聊人才做的事情。或许已经忘记了如何照顾自己，但是必须学着去照顾它。无聊的时候和它说说话，没事的时候给它打理打理毛发。渐渐地，你会发现，这样的作息时间和生活习惯越变越好。

定期让自己放松，让心透气，以真面目示人，做最真的自己。这只是一个小小的改变，却会让更多的人体会到另一面人性的光辉。不论是贫贱、富贵、丑陋还是潇洒，最真的才是自己，毕竟在人生这出戏里要饰演的并不是那副面具。

丢掉些小脆弱、小敏感、小感觉

 微寄语 任何人的内心都不是绝对脆弱的，丢掉小脆弱，会更有勇气直面"惨淡的人生"；敏感不等于谨慎，丢掉小敏感，会更有精力专注于正确的事情；错误的感觉本就不该存在，丢掉小感觉，会更有心情感受真正的美好。

小脆弱，小敏感，小感觉，谁都有。有人觉得自己可怜，有人觉得自己委屈，有人觉得这世界上所有人都对自己有所企图。但这世界上真的不存在"最"，谁是最富有的，谁是最美丽的，谁又是最潇洒的呢？

既然没有这些"最"，为什么又有那么多人总是觉得所有人都是觊觎自己这只小绵羊的大灰狼呢？难道他们没想过，比他们更肥、更嫩的羊还有很多，他们又不是那个西天取经的唐僧⋯⋯

小东西们不能使你更完美。你"保护"了自己，却伤害了别人。

小脆弱会让你更爱惜自己。

小敏感会让你不受伤害。

小感觉会让你避免不快。

有些人觉得这些小东西都是理所当然，觉得这能让自己更安全，没想到这样却让他们活得越来越累。他们越来越小心翼翼，对任何人都有防备之心，觉得世界上到处充满了危害，就连和煦的阳光都被当成紫外线杀手。

人们开始更加注意"保护"自己，会时不时地看看背包里是不是有一把手电、一把精致的小刀。这些人的脑海中出现最多的词语是"远离"，因为他们渴望安全，渴望被保护。事实上，保护自己没有错，但过分保护会让自己的免疫力彻底丧失。

小脆弱、小敏感和小感觉的最终受害人是自己，还有所要面对的人。脆弱使自己不敢上进，敏感会使自己如履薄冰，也会让友人觉得难以亲近，自己的小感觉就是对的吗？敢确定自己的小感觉就是真的小感觉吗？

如果恰巧朋友是一个凡事都爱瞎想胡猜的家伙，是不是觉得和他相处是一件非常费神的事情？不管做什么事，说什么话，都得小心翼翼，生怕不小心触动了那家伙的哪根小神经。渐渐地会觉得累，觉得烦，最终开始刻意地跟他保持距离，直到远离。

反过来，如果自己的小东西太多，朋友们也都会对此产生恐惧，生怕哪天伤到这朵"温室里的小花"。如果某天突然觉得朋友的态度变了，那么赶紧收起那些小东西吧，然后向他们承认错误，挽回他们。

小脆弱、小敏感和小感觉的终点是小忧郁、小恐惧和小悲伤。

遇事就伤，吹风就倒，也太脆弱了，哪怕是芝麻绿豆大的小事，到了自己眼里堪比天塌，就不怕哪天脆弱的自己会彻底完蛋。慢慢学着对任何事情都不感兴趣，开始远离那些会对自己造成伤害的人或事。

大事小情，人言物语，不论什么都喜欢往自己身上揽，这已经成了习惯。觉得所有人都喜欢指责、嘲笑自己，觉得自己是天生的"背雷子"，一点也不招人待见。所以开始烦躁，变得易怒，怨愤在心中扎下了根。

针扎一下就喊妈，雨淋一下马上吃药，走路崴脚能在床上休养一个月，喝了凉水就担心自己会闹肚子。这些小感觉太多，多到连自己的出身都怀疑，怀疑自己究竟是不是爹妈亲生的……

现在有些人，就像得了犬瘟的狗狗一样，食不知味，夜不能寐，一有风吹草动就觉得天塌地陷。哪怕是街上路人忽然摔了个跟头，他都会觉得那可能是被自己吓的。

其实只有他们自己最清楚，自己的世界并不是那个蜗在其中的小角落，也盼着自己有能力撑起一片天，但就是不承认这些。觉得忧郁、恐惧和悲伤都是因为自己天性使然，却不知这些都是强加给自己本该强大的灵魂的枷锁。

轻松自在，随性处之，这才是体现最初人性的根本。与其脆弱，敏感，瞎猜想，为什么不勇敢地问出来呢？很多误会就是因为"闷头葫芦"而愈演愈烈，结果几乎没什么好的……

万物生长靠太阳，你也不例外。

躺在床上，看着比床要大很多的天花板，想着自己的卧室只是这大厦中的一小间，想着大厦相对于整个城市的渺小，想着所在的城市相对于世界的微不足道，想着地球在宇宙中只是颗最普通的星球，这时越加觉得自己无比脆弱。这时，可以晒晒太阳。

从床上爬起来吧，打开窗子，看看外面的世界，看看远处的树，看看高高飘摇的云朵，看看广阔无边的天空。世界已经在我们眼中了。

世界虽大，却能被小小的眼球囊括。装得下整个世界，还会是微不足道的吗？容得下天空，还会是脆弱不堪的吗？其实脆弱的只有每个人自己的心，是人们心甘情愿地让恐惧、忧郁和悲伤驻留在心里，还乐此不疲地让它们伤害着自己。

困的时候想睡觉，饿的时候想吃东西，累的时候想坐下来休息。睡了，吃了，也休息了，这都是因为自己想那样做。每个人的思想是如此强大，只要存在念，就能付诸行动，这看似有些"二"的理论却着实能给人们带来无穷的好：既然感觉寒冷，为什么不能想着阳光呢？只要想让内心一片敞亮，所有的阴霾就将一扫而光。

测一测：你是事后诸葛亮吗

 微寄语 完成"事后诸葛亮"的测试，在使人认清自己"事后诸葛亮"指数的同时，还能知道自己哪方面存在失误和错误。及时纠正这些，能使人在事情发生前多做些计划，在问题产生时少一些过失，在错误纠正时多做出正确的选择。

事后诸葛亮，是指事情发生之前无任何意见，发生之后才高谈阔论的人。用于比喻那些事后自称有先见之明的人。因为诸葛亮有未卜先知的能力，这些放"马后炮"的人被称为事后诸葛亮。

测试

共六题，每题四个答案，答案后有分值，答题后将分值加在一起，查找相关类型。没有符合问题的答案可以不选择，不选择的时候记分为零。

1.公司将重任派给了某职员，你对这个职员的能力与个性知之甚详，领导征求你的意见，你打算怎么说？

A．将自己知道的一切都告诉领导，客观地分析事情本质，请领导定夺。——+10

B．将自己知道的一切告诉领导，并陈述自己的想法，建议领导换人。——+7

C. 跟我没有一点关系，问什么我都不知道。——+5

D. 我才不会说，早就看这小子不爽了，

我就憋着劲，等着看他的笑话。——+2

2.朋友打算购买一款山寨"爱疯"，恰巧你刚把一款相同的山寨机扔进垃圾桶，朋友征询你的意见，你打算如何说?

A. 我刚受过这神兽的苦，坚决不能让我朋友也受害，

打死也不能让他买! ——+7

B. 把我对这款手机的看法和使用心得告诉他，

让他自己衡量是否购买。——+10

C. 祸从口出哇，哪怕是天王老子来了，

我也闭口不说，勿言，勿言。——+5

D. 天气如此干燥，不如来点笑料娱乐娱乐，孩子，

买吧，等着我埋汰你……——+3

3.公司开展了新业务，启动伊始，你无从下手，启动之后你就发现了一些问题，但你并不确定这些问题是否重要，你会怎么做?

A. 静观其变，什么时候确定了再向领导汇报。——+7

B. 及时提出，并陈述自己的看法，让领导自己定夺。——+10

C. 不能说，不能说，等全部结束了，我会发表看法的。——+3

D. 哈哈，终于出问题了，那领导不是看不上我吗，小问题快滋长吧! ——+1

4.(续上题)领导并未采纳你的意见，之后的某天，你有很大的把握确定你发现的问题的真实性，你会如何?

A. 及时上报，将自己知道的一切呈交给领导，请领导定夺。——+8

B. 这次我还不说了，上次说了你不信，现在我就等着看你的笑话！——+5

C. 该说还是得说，领导要是不采纳，我就去找大老板，问题必须及时解决！——+10

D. 让你美，等着吧，最后失败的时候，看我怎么落井下石！——+3

5.国足胜了，一向不喜欢足球的你，此时会作何感想？

A. 比赛就会有输赢，反正我不喜欢足球，与我无关，不提也罢。——+10

B. 虽然我对足球一向不怎么喜欢，但国足胜了，也应该小开心一下吧。——+8

C. 胜了？怎么可能？我不看足球，却不代表我不知道国足，一定是假的！——+1

D. 看看，我说什么了，我早就知道国足一定会胜利，果不其然哪！——+6

6.邻居家的孩子因为偷盗被警察抓了，虽然你一向知道这孩子有些小偷小摸的行为，但一直没机会见到他的父母，更没机会与孩子接触，此时孩子的父母就在你的身边痛哭，你会如何？

A. 早就想找个机会把这件事委婉地告诉孩子父母，可一直没有遇上。现在孩子被抓，我也有一定的责任。我要好好劝劝他的父母，但要假装不知道地劝慰。——+10

B. 内疚啊，我得跟他爸爸妈妈说："我早就知道你家孩子……可是一直……"——+6

C. 又不是我家亲戚朋友，跟我没有任何关系，礼貌性地劝劝也就是了，多了可不能说。——+7

D. 哭吧，可劲哭，哭出花来我才美呢，我早就知道会有这么一天！——+2

I　颇有见地型，外交之王。55~60分

识大体，知进退，谨言慎行。身为外交之王的你，知道什么时候该说什么样的话，可堪大器！

II　稍有瑕疵，擅长交际。40~54分

略有不足，主要体现在优柔寡断或不够冷静上。建议在遇到事情的时候更理智地去思索，三思之后再发言。

III　若有若无型，平凡普通。26~39分

最普遍的人群，有时优柔寡断，有时不知进退，有时冲动莽撞。建议改掉以上毛病。

IV　标准的事后诸葛亮，解放了才说打鬼子的主。13~25

很可气的一种人，每当你在放"马后炮"的时候，你根本不知道有多少人在心里大声地问你："你早干什么去了？现在说有什么用？"

V　绝对唯恐天下不乱型，比事后诸葛亮更惹人厌。0~12分

可恶的"马后炮"与你一比都显得可爱很多，你不仅经常放"马后炮"，还不断地挑拨是非，如果你不想所有人都不理你，还是改掉这个毛病吧。

微改变
如何做最好的自己
MICRO CHANGE
by XENME

Chapter5

职场上的那点事

职场通常和奋斗、成绩、辉煌连在一起，当你没有奋斗的动力，没有对成绩和辉煌的期盼，你就必须改变了。改变一下心态，改变一点做法，也许成绩就会在某个瞬间不期而遇。

7点出门6点起床

 微寄语 一个小时能做的事情有很多，早起床60分钟：洗脸＋刷牙＋上厕所＝20分钟，做早点＋吃早点＝20分钟，5分钟穿衣服，还有15分钟做个早操或者跑个步。

网络上不知道从什么时候开始流行各种各样的"体"，这些"体"中最显著的特点就是一个"啊"字。用句流行的网络语言来讲：那些早上起不来床的人们，真是"伤不起啊"！

"闹钟响三遍还不想睁眼啊，跟被窝斗争了无数回合还不想起床啊，宁可不吃饭也要多睡会觉啊！早起族很悲催啊！刷牙的时候都还想睡会觉啊！出门时经常丢三落四啊！早餐都在路上解决啊！坐公交车就算站着也想闭会眼啊！稀里糊涂就到公司了，才想起来忘带卡了啊！"

"办公室主任就跟四大天王一样啊，每次当你迟到站到他旁边的时候，你感觉旁边的空气都凝固了啊！那种悔不当初的感觉，简直想狠狠地痛扁自己那还没睡醒的熊猫眼啊！"

"郁闷！有！不想赖床！不想迟到！不想扣工资！每天想着的时候都在赖床！每次发工资的时候都想发奋，可一直到现在还停留在"想"的阶段！同学、同志、同事啊，别光想啦，想着想着，你就习惯想啦！"

都说睡眠有利健康，都爱睡个美容觉，可每天赖床的孩子们有几个是健康的，有几个没有大眼袋、熊猫眼？与其早上多睡，不如晚上早睡。在保证合理睡眠的情况下，清晨早起对身体的好处更多！

人在睡觉的时候思维处于休眠状态，做梦的时候会活跃，但那都是不健康的表现。换个角度讲，当人睡着的时候，就等于这个人已经"死"掉了。早起一小时，少睡一小时，不就等于多活了一小时吗？

一小时，时间如何安排？

7点出门，6点起床。一小时，洗脸+刷牙+上厕所=20分钟，做早点+吃早点=20分钟，5分钟穿衣服，还有15分钟做个早操跑个步，时间这么充裕，足够把一切考虑完全，不丢三落四。

晨练的好处每个人都知道，但也要循序渐进，千万不能过激过猛。很多人觉得运动量越大，锻炼的效果越好，身体的抵抗力才更强，实际这个说法是错误的。晨练要适量，否则不如不练。

晨练，自睁开眼睛的瞬间便已开始，记住，千万不要醒了马上就起床，你需要在床上赖个5分钟10分钟，以调整生物钟，适应由卧到立的过程。揉腹、按摩牙龈、梳头都是简单的锻炼，除此之外还要进行心理梳理，把精神调整到最佳，以迎接新一天的挑战。

俯卧撑、仰卧起坐这些运动方式不建议在晨练时使用，你可以在客厅或院子里慢跑几步，或者走几分钟，之后做些体操，或者用哑铃做一些基础运动。千万不要把自己当成运动员来糟蹋，那是在自杀。

晨练之后可以开始做早餐了，记住，在早餐之前一定要先喝水。不要喝冰镇饮料，也不要空腹时吃香蕉和菠萝，空腹喝醋和吃蒜也是必须禁止的，这样做会对人体的健康造成很大的伤害。

最科学的早餐肯定不是油条烧饼，热稀饭、热牛奶、热豆浆、热茶都在考虑范围之内，还有碱性蔬菜和水果，这些能让人的膳食达到酸碱平衡。如果你现在不是在增肥期，千万不要吃太多的肉，至于油炸食品，是不管在什么情况下都不能吃的。

要做好一切打算，如公交车晚点，路上出意外，刮大风下大雨……若每天早出门10分钟，即使有意外情况发生，也有足够的时间换乘公交车或者打车去上班。

对于大多数人来讲，一小时的忙碌足够打消睡意，合理的运动和膳食完全可以提供一上午的营养所需。在忙碌的同时，人们还可以提前把当天需要做的事情思考一下，做个大概的计划。所以，一小时的付出，换来8个小时的轻松，何乐而不为呢？

自动自发地去做一些事

 微寄语 如果想登上成功之梯的最高阶，你得永远保持自动自发的主动精神，纵使面对缺乏挑战和毫无乐趣的工作，终能最后获得回报。当你养成这种自动自发的习惯时，你就有可能成为老板和领导者。

"不该说的别说，不该做的别做。"很多身在职场的人都把这句话当成"保本"的锦囊，就算是有升迁加薪想法的人，也都尽量让自己低调做人，小心做事，如履薄冰似地盼望着。可这些人最终盼到的却是别人坐上了老板椅，而自己继续像以前一样盼望着，盼望着……

"做好分内的事"，其实就是大家常说的"该做的事"和"该说的话"。事实上，真的只要做好"分内"的就行吗？这就像人们常说的"是骡子是马，牵出来遛遛"，为什么总要把骡子和马牵出来遛，崦不让它们自己出来溜达溜达呢？

所有只知"分内"的人，都是骡马——没人牵的时候，自己从不想着溜。

人们习惯把前人留下的话当成经典，甚至是法典来遵循，从不思考正确与否。中华历史承认中庸之道，觉得一切出格的、越雷池的都是错的，这也正中了懒人的下怀，名正言顺地成了借口，把一切不承担和不解除曲解为中庸。

但现在早已不是当年的模样，不是一口井、三亩地就能养活一家人的光景。机会多，人也多。只有自动自发地寻找，多做些分外的事，别人才会给你更多、更大、更好的机会。

懒散的、没有上进心的、安于现状的人们总是把"中庸之道"和"本分"挂在嘴边，他们只相信运气、天命、机缘和奇迹。如果某天他们看到了别人的成功，大多数都会觉得那是幸运，或者觉得别人是因为有了好爸爸、好干爹、好老婆之类。而对于那些德高望重的人们，他们除了应有的尊重，也觉得那都是理所当然，却从不想想那些成功者和有名望者在实现理想的过程中付出的努力、辛劳和汗水。

有人说，失败者与成功者最大的区别就是眼光和精神状态不同。就像凿壁借光，成功者学到的是匡衡勤学苦读的精神，而失败者则会嗤之以鼻地嘲笑，觉得他那是一种有损视力的行为，学不得。

很多觉得"言多必失"的人，都是不会说话的人！不是因为胆子小，也不是因为谨慎，或者谦虚，而是根本就不会说话。自信心强的人从来不会因为别人的鄙夷而自卑，对于一切阻力，他们都能将之转化为动力。

语言交际是每个人从出生到成长到成功必不可少的技能，虽然语言有天赋之说，但并不能证明不需要后天努力。所以，微改变之语言能力，也要从简单的练习做起。博览群书是首先要做的事情，去买几本书吧，一定要读出声音来。对于不爱说话、不敢说话的人来讲，最难的事情不是说什么，而是最简单的一个"说出来"。

如果不知道怎么说，那就从读开始。读通顺后就对着镜子和自己说，说这本书的内容，说读完这本书后的感想。记住，脸上的表情一定要到位，如果一个人连哭和笑都做不出来，那么，他需要练习的技能就又多了一些。

不要担心表现出色会被嫉妒，只要你处理好与他人的关系就可以了。如果你的朋友成功了，你会嫉妒他还是为他高兴呢？嫉妒肯定是不正确的心理，高兴才算是真正的朋友。所以，如果你和同事都成为朋友，你的出色和成功，他们也会发自内心地为你高兴。不要觉得工作不尽如人意就偷懒散漫，其实人生最有意义的事情就是工作。与工作结缘，善待这份缘分，更好地经营这份缘分，你会享受到更多快乐。

宁做"人来疯"，不做"闷头虫"。如果总是按着别人的指示做事，总是因循守旧地完成规定的事情，久而久之，就会形成懒惰的思想。懒惰是无聊的前兆，懒惰惯了，就会觉得无聊，无聊久了，就成了懒散。

人们在写简历的时候一般都会加上"踏实"、"朴实"、"老实"一类的词语，其实在很多时候，这种词象征的并不是这个人如何脚踏实地、诚实勤恳，而是对"闷头虫"的一种曲解。

"闷头虫"不如"人来疯"。不要觉得"人来疯"是坏事，在某些时候，"人来疯"确实很惹人厌恶，但是从另一个角度来看，"人来疯"的人一般都是精神百倍的。有句网络新话说得好"宁可神经地死，不愿憋屈地活"，说的不正是这个意思吗？

在中学政治课上我们就学过"多劳多得，少劳少得，不劳不得"，你的薪水并不取决于你多服从领导的安排，而是你的工作能力、工作质量、工作数量和工作态度。由此可见，现在的社会早就不是当年那个"干多干少一勺烩"的时候了，如果现在你再不多做一些事，没准下次裁员就会轮到你！

每天学习点职场礼仪

微寄语 职场礼仪很重要，它是人们在职场中与人交流时必不可少的触媒。每天学点职场礼仪，再也不会为如何与领导握手而犯愁，不会因如何发电邮、打电话而皱眉，不会在不知如何道歉时苦恼，更不会在宴会上出糗。

换了新公司，世界五百强，部门很核心，没有自信？

听说这家公司的员工都很大牌，我这个新来的该怎么和大家相处？

周五晚上有个商务晚宴，我该穿什么衣服，有什么需要注意的呢？

昨天不小心说错了话，貌似老板很生气，糟糕！

谈判？我哪干过这种事，谁来救救我？

怎么办，怎么办……每天都有各种各样的"怎么办"萦绕在一些职场菜鸟的脑袋里。他们有时会四处打听办法，有时会硬着头皮或者找借口直接拒绝，没准还会傻了吧唧地蒙着上，结果肯定是弄了个灰头土脸、贻笑大方。

都说职场礼仪无非就是握个手、鞠个躬之类的简单玩意，实际上却是门高深的学问。如果不懂，只能像只有头没脑的苍蝇一样四处乱飞乱撞。如果懂了，那就会少去很多"怎么办"。

接触要得当——握手礼仪

握手是人与人初次见面惯用的一种问候方式，同时，也是一种颇有讲究的社交技巧。在中国，握手是人与人的一次身体接触，表示友好，也能给人留下深刻的印象。握手的时候用力要适当，不能太强，也不能太弱，要让人感觉到你交往的诚意。握手的时候眼睛要直视对方，用眼神去表达你的友好、善意和诚意。女同志们请注意了，在职场握手的时候，女士最好能主动伸出手。因为主动伸手发出握手邀请的女性，在大多数国家和地区，通常会被认为是谦虚、思想开放的成功女性，而且能够给人留下较好的印象。

电邮要严肃——电子礼仪

随着网络通信的发展，电子邮件、传真和移动电话成了职场交流的有利工具。千万不要以为发封邮件、发个传真、打个电话只是随意的一件事，这与正常职场交流一样，需要非常严肃。

严肃的不只是语气和用词，内容、格式和签名缺一不可。一份完整的电邮或者传真，除了必要内容之外还应包括发件人的联系信息、发件日期和文件总页数。在发传真的时候也不要唐突地就发过去，应事先取得别人的同意，约定时间后再发。

道歉要适度——道歉礼仪

有些人把道歉和礼仪理解成了一个意思，实际上道歉是从人的个体出发，而礼仪则存在于多人之间。如果你在职场社交时犯了错误，记住道歉要适度，让人看到你的诚意即可。千万不要大费周章地说个不停，这样很容易让对方产生反感，进而影响他人工作。

"对不起"虽然不是口头禅，但也要常常挂在嘴边。在打断别人说话的时候，在进入别人办公区域的时候，在影响到其他人的时候都需要用到。不要觉得这是低人一等的表现，哪怕面对比你职位低的人，也要温文尔雅地表现出你的礼仪。

顺序要适当——电梯礼仪

电梯是每个人每天都要接触的运输工具，这看似简单的铁箱子，也有着它的礼仪。首先，电梯不是观光缆车，不要在电梯里左顾右盼。当伴随客人或长辈进电梯的时候，要主动按电梯按钮，让人先行。在别人进入电梯的时候，要以手扶住侧门，以示尊敬。

在电梯里尽量不要与人寒暄，当电梯停止时，要让人先下电梯，待客人或长辈走出后，你再走出。走出后不要跟在客人或长辈后面，要快步跑到他人前面，热情地为别人引路。

衣着要大方——着装礼仪

职场女性的装扮要注意灵活和弹性。衣服、鞋帽、发型、首饰和化妆都有门道，不要盲目地只求漂亮和时尚，职场女性的美丽在于和谐。如果想得到别人的赞赏，最好不要盼着别人夸你美丽，因为职场最高等的称赞是得体。

相对于女性的灵活，男性则简单得多。衣着要整洁、大方、合体，除了一些工作需要之外，尽量不要让脸上留着胡楂。职场是你显示男人魄力和能力的地方，而不是张显你那些所谓的"男人味"的舞台。

用餐要文明——用餐礼仪

在收到商务餐的邀请时，如果对方是口头邀请，就口头答复。如果是书面邀请，则要以书面形式答复。如果想谢绝邀请，也应以业务理由拒绝，千万不要拿"老婆有请"、"狗狗生病"之类的生活理由为借口。

商务餐可以在中午，也可以在晚上，但如果是邀请异性用餐的话，最好选在中午。餐厅要选择适合商务会谈的餐馆，像"苏格兰调情"这种地方最好免谈。就餐的时候要把主位让给客人，那个位置最好是视野最宽广的。不要在别人进餐的时候忙着结账，如果有事想向客人道歉的话，也不要在餐桌上，那会让对方误会这顿饭的具体用意。

日事日清的习惯

 微寄语 每日事，每日清，这样就不会有昨天的半途而废，也不会有今天的繁杂累积，更不会有明天的不知所措。把这形成一种习惯，无论做什么事都不要留下"小尾巴"，用更多的精力和更好的心情迎接即将到来的挑战！

从前，有一个人，没能日事日清，最后，他疯了。

从前，有一个人，没能日事日清，最后，她也疯了。

从前，有那么一些人，总是不能日事日清，这些人，早晚都会疯的……

满世界的励志哲学，满书店的催人奋进，很多人都买过不少类似的图书，至于什么"日事日毕"、"良好习惯"之类的文章也看过不少，可为什么还有那么多人拖沓懒散呢？

从小学我们就学习"明日复明日"，写各种各样的"日事日毕"的作文：看电影观后感，看书读后感，听劳模演讲的听后感，各种各样的"后感"，都是前辈老师们想让大家明白日事日清的好处。事实上，大多数人从小就开始叛逆，不断地以各种方式向日事日清发起挑战：寒暑假作业，总要等到快开学的时候或忙碌地写，或撕掉几篇，或一点也不写，干脆就等着开学的时候告诉老师"我丢了……"

小学之后，初中、高中、大学，我们又经历了无数次写作文，无数次各种各样的"后感"，但日事日清的习惯还是没有养成。非但如此，很多人抵抗日事日清的方法也层出不穷，或断，或忘，或找借口，或推托他人……

有人觉得这是懒，实际上这和懒惰没有任何关系。说轻了是不上进，说重了就是不争气、没志气。就像某个假设：为什么没有人懒得眨眼、懒得呼吸，为什么出门的时候不会忘了穿衣服，为什么身上脏得难受了就特想洗澡？说白了，一是习惯到不到位，二是有没有被逼急——当你自己都受不了的时候，你肯定不会坐视不理。

习惯难养成，那就学着逼自己！

习惯难以养成，这是很多人都面对的问题。大家总是提醒自己要按时起床，不要见着甜食就发疯，不要总在淘宝上乱花钱，一定要时刻记着提醒自己……

没错，就是这样，拼命地提醒自己，可就是养不成好习惯。之所以会这样，最根本的原因是记吃不记打，没把自己逼急。

为什么会记吃不记打？并不是因为吃的诱惑太大，而是因为打得不够狠。这当然不是让人在脑袋上吊绳子，在骨头上扎锥子，也不是让人写个座右铭时刻提醒自己——那都只是标，不能从一个人的内心治本。

生活中我们经常会遇到一些迫不得已的事情，饮水机里没水了，又懒得烧，就得叫。如果找不到送水工，只好亲自到厨房去烧水。事实上这并不是什么困难的、烦琐的事情，只是把不勤奋形成了习惯，只是没有把自己逼到"点子"上。

如何逼自己？破釜沉舟，背水一战，这些办法当然可以，但有时候也可能会耽误事。除此之外，有时候我们需要的只是一种困境中的记忆，和对那种记忆的恐惧。这要从一把硬毛刷子说起。

硬毛刷子，一般家里都有，拿出一把，把刷毛掰下来，全撒到被窝里，睡觉时，不管多难受都不能把刷毛扫出去！

第一天，能忍；第二天，难受；第三天，煎熬；第四天，恨不得到地板上去睡；第五天，实在受不了了，睡不着了；第六天，如果你觉得活着本身就是一个错，那好吧，现在你可以把锯齿收起来了。

牢牢记住你这几天的感受，以后不论你想做什么事，先想想锯齿，想想睡不着觉的感觉。如果你某天有个表没做完，那就把锯齿放到键盘上；如果你某天吃完饭懒得刷碗，那就把锯齿放到水池旁。

当你开始倦怠了，就把锯齿扔到床上，塞到鞋里，装进内衣，所有让你煎熬的地方。如果你受不了了，那么你的习惯就可以再次养成了。这个办法虽然会让人难受，但效果真的不错。

看起来确实有些变态，有人可能说这种方法不够"人性化"。说句难听的话，你有时候都不争气得不像个人了，干吗还要对你人性化呢？如果你觉得这对你来说是一种侮辱，那就做个样子出来，让自己更像个人。

这种方法当然不只刷子可以用，如果你家有多余的电脑键盘，你也可以把所有按键都抠下来，和锯齿一样撒进被窝。有人做过实验，用键盘来做的效果明显比用锯齿的强上很多。

习惯养成了，还需要巩固，这当然不是让你继续往床上撒锯齿，而是有些事情必须要强迫自己进行，比如按时起床，定期运动，把饭桌从饭店移回家中……这些事做起来并不难，你只需要时刻在口袋里放一根锯齿，或者把按键做成个性十足的小项链，效果真的很帅哦！

买个记事本随身携带

 微寄语 随身携带一个记事本，用"烂笔头"形成"好记性"，记录一些心情，记录一些得失。失落时，看看过去的自己，现在算什么；遇到问题时，翻翻过去的"字典"，再大的困难也能迎刃而解。

　　每个人小时候都有写日记的习惯，当然大多是被老师逼出来的。当老师不再要求写日记的时候，很多人都如释重负地笑了，有些人甚至会把日记本撕掉泄愤。老师之所以要求学生写日记，一方面是为了锻炼学生的写作能力，帮助学生培养和发展多方面的兴趣与爱好，除此之外，更为重要的是能使学生头脑更聪明，知识更丰富。它会像一幅多彩多姿的画卷，伴随着一个人的生活和成长。如今，大多数当年写日记的人都已离开了校园，几乎都有了自己的工作岗位。现在，是买个记事本随身携带的时候了。

　　"好记性"不如"烂笔头"，记录的不只是心情。

　　记事本的最大作用当然是记事，大到天崩地裂，小到鸡毛蒜皮，不管发生什么事情，都能事无巨细地、习惯性地记录一下。养成这种习惯，并把这种习惯普及到工作中，久而久之，就再也不会忘记什么了。

不仅要记，在每一项待办事宜之后还要做一个补充，是完成，是未完等待，还是正在进行中。要时不时翻看，找找还有什么忘了没做的事情，然后把完成的情况记录在后面。

"活到老，学到老"，每个人从降生的那一刻起，就开始了学习的旅程，并要在这个旅程中养成各种习惯。每看到一件新事物，都是一次增长见识的过程。每重复做一次同样的事，都可能养成一种习惯。随身带着记事本，不管学到了什么都把它记录下来，尤其是在不能用脑记清楚的时候，记事本的功能就会瞬间变大。

"只有学到的，才是自己的"，学不到的永远都是别人的。只有学到自己的脑子里，并能运用，才是自己的智慧。而记事本就是人们随身携带的智囊，如果某天忽然忘了某件事该如何做，或许那时你会忽然想起，你曾经知道，并把它记在了记事本里。那么，去查查你的小智囊吧，你会找到答案的。

"学无止境，达者为先"，不要以为职位低的、年龄小的人就是差劲的，任何人都有他的闪光点，没准他在某些方面就超过常人。所以，要时刻带着记事本，不管遇到谁都要虚心交往，没准什么时候就会学到一些经典智慧。

记事本虽然不能当成皇历，却能成为"清华字典"。

记事本不是日历，不可以今天撕一张，明天撕一张。爱惜记事本，要像爱惜自己的生命。从某种角度来讲，记事本中已经记录的部分就是过去，是留给现在萃取精华用的。而那些还没记录的空白页面，是留给书写未来的。如果随便撕掉了空白，就等于撕掉了未来。

老人们用皇历的时候，只要过了日子，就会撕掉。那些被撕掉、揉碎的老皇历，只要一离开皇历本，就成了没用的烂纸。记事本却不是如此，它每一篇记录的都是曾经的一个活生生的回忆，有悲喜，有得失，有成长的脚步和进步的喜悦。

　　和记事本做个朋友，没事的时候翻翻它，看看过去的自己是什么样子，再对比后来的样子。看看哪里成长了，哪里退步了，哪里应该发扬，哪里应该果断扼杀。再看看现在，每个人都会发现，自己进步了很多。这进步的产生，记事本功不可没！

　　会说的不如干过的，只有自己经历的才是最宝贵的经验。那些往事历历在目，所有成功的喜悦和失败的感触都深藏在人的内心。人生之路的每一个细节，每一次遭遇陌生时的表情和心理，如果可以都记在你的记事本上吧。

　　虽然时间不可逆转，但谁的人生都不可能只失败一次。当再次遭遇之前发生过的事时，记事本就成了校正的依据。随着时间流逝，每个人都在不断地进步。昨日的雏鸟今日已成大鹏，或许有一个正在彷徨的后辈，你是那么在乎他。如果你正在纠结该送他什么礼物来帮助他成长，记事本就是你的最佳选择！

　　很多人都爱玩腾讯的每日签到，我们也可以把那些内容放到记事本上。千万不要觉得把能在电脑上搞定的东西放到纸上是一种多此一举的行为，之所以要这样做，一是为了形成动手的习惯，二是为了加深印象。

　　天气、心情、起床时间、健身状况、本日工作预计、本日成就预计、本日花费预计、本日座右铭，这些都是需要形成文字的。天气和心情决定着一天的状态，起床时间和健身状况决定着一天内是否精神百倍。提前预计一下一天的情况和花费，更有助于工作和理财。写这些的时候一定要用心，不要随随便便写。

　　日复一日，年复一年，把记事当成自己的习惯。多年后，当你翻看着整齐码放在一起的记事本，没有什么比看到自己的进步更让人喜悦激动的了。几块钱的记事本，就能让你看到自己的成长，这是多么值得的事情！

一周一天全身心去投入

 微寄语　每周选择一天，全身心地投入工作。你会觉得自己的状态从来都没有这样好过，工作效率如此之高，即使下班回家你都会有像欣赏了无数美景之后意犹未尽的感觉，甚至会有种为过去的浪费时间而自责，而从此以后更加珍惜时间。

9点上班，8点59打卡，进办公室先跟左邻右舍打声招呼。问问赵小花昨天去夜店玩得high不high，问问刘二柱家的媳妇昨天有没有夜不归宿，问问孙小三的宠物狗有没有偷吃电线……

聊了一圈，没话题了，好吧，打开电脑，登录QQ，空间、博客、校友溜达一圈。猫扑、人人、贴吧、天涯、豆瓣逛一逛，看看淘宝的订单发到哪儿了。回复一下同学和朋友说说和心情。

开心时间到了，开心农场，开心牧场，开心餐厅，各种各样的"开心"过后，时钟的指针已经指向十点半。是时候开始工作了吗？Oh no！现在应该想想中午饭的问题了。据说楼下新开了家必胜客，八折！难道心动不是应该的吗？

上午的时间就这样过去了，下午应该开始工作了。1点准时上班，可总觉得状态还没有调整过来，不如玩一小会儿游戏吧，各种杀，各种闪，各种桃，转眼时间就到了4点。忽然意识到了问题的严重性，如果再不工作，就真不用工作了。

可能上面说得有些夸张，但事实上，每天8小时，有多少时间真正用在了工作上，相信大多数人的答案都不可能是"全部"。每周5个工作日，实际上每天只用心干了两个小时的活，这就相当于一周休息了6天！

全身心地投入，体会，找对感觉，记住感觉。

不要觉得一周休息6天是在挖苦，像上面的那种工作状态，对于某些不把工作当回事的人来讲，说是一周休息7天也不为过。现在只不过想要求你在5个工作日中浪费一个罢了：每周用心工作一天，这一天一定要全身心地投入！

全身心包括专心和尽力，告别办公室调侃扯淡，远离各种"开心"，关掉QQ、博客，忘掉所有游戏和无关紧要的事情。把所有心思和力气都用到工作上，认真对待每一项工作的每一个细节。

记住专注工作时的每一种感觉：思考时的专心致志，工作时的勤勤恳恳，遇到难题时的愁眉苦脸，解决难题后的畅快淋漓，还有按时保质保量完成工作后的如释重负。这些感觉可能你以前也遇到过，但当如此多的感觉综合到一起后，当你感受到一天天的进步后，你会越发清晰地体会到全身心工作的好处。最后，当你看到付出汗水努力创作出的杰作时，你会很奇怪，为什么此刻却并不激动，觉得这都是理所当然的。

与平时的你作个比较，便知得失。

8小时的投入当然比两小时的心不在焉要强，完成的工作量和效率自不必说，就连情绪和精神状态都完全不同！如果你以为连续工作8小时会很疲劳，会觉得状态不佳的话，那你就大错特错了。如果某天你真的连续奋战8个小时，你会发现，当下班铃声响起的时候，会有种欲罢不能的感觉。你会觉得自己的状态从来没有如此好过，就像欣赏了无数美景之后的意犹未尽，仍然可以继续工作下去。同时，可能还会有种愧疚感，为过去浪费的时间而自责。

当你养成每周一次全身心工作的习惯后，便可以尝试把一天变成两天，再把两天变成三天，以此类推，直到每天一进办公室，你就可以像台机器一样，乐此不疲地开始工作。

当你每周5天的工作成了自然后，也会把这种自然运用到各个方面：生活、学习、情感。如果说每周一天是一个"小变"，当自然成了自然，你就完成了"大变"。你想做小变，还是大变呢？

一个月为工作作一次总结

微寄语 每个月为工作作个总结，月月相比。如果有进步，继续发扬；如果没变化，需要努力；如果有退步，必须为自己亮起红灯。这是一次对正确作风和错误态度的调整，也是对现有工作和理想的再次选择。

几乎每个单位都有各种各样的会：晨会、夕会、周会、月会……而每逢月会最让人头痛的一个环节就是总结。每当要总结的时候，员工们都会绞尽脑汁，想尽一切办法搪塞。有人胡编乱造，有人找人代写，有人则干脆把上个月的总结修修改改，直接拿出来用。

单位之所以要求员工作总结，并不是为难员工，相反单位是希望员工能总结过去展望未来计划工作，有失误的地方吸取经验教训，有成就的地方发扬光大，为将来做基础。那么，如何总结呢？其实很简单，说白了就是唠叨。

唠叨就是不分大小，不分轻重，逮什么说什么，想什么唠什么，这才叫事无巨细。如果不知道从何开始，那就从记事本开始好了。翻看记事本，根据记事本上的项来做总结，留下影响大的、意义深的，记录在案。

千万不要觉得这是一件麻烦的事，更不是多此一举。如果非要给个定义，那么这种总结可以说是一种清理、一种激励和一个脚印：总结一个月中的进步和退步，知道有哪些需要完善，有哪些坏习惯和负面情绪必须及时遏止并清除。

每个人都在成长，从记事本上谁都可以看得出现在的自己比曾经成熟了多少、进步了还是退步了。每个人都会成长，在人生之路上留下这样或那样的脚印。有些人的脚印是井然有序的，有些人的则是杂乱无章的。人们需要时不时看看自己的脚印，以确定是否走错了路，同时计算出自己究竟应该走向哪个方向。这个看脚印的过程，也是一种总结。

赖床指数/迟到指数

有人觉得赖床与工作无关，却忽略了赖床直接导致迟到。每个月除了假期，在正常工作的日子里，用赖床的次数除以总工作天数得到的百分比就是赖床指数。记录下这个数字，以便以后每月作比较。

赖床指数的背后都有什么？如果指数过高，说明赖床的次数很多，为什么会赖床，是睡得晚，是床不舒服，是压力太大睡不着，还是有别的什么原因，找出来一一解决掉。相信下个月迟到的次数一定会大幅度降低。

工时利用率

每天8小时工作时间，实际利用的时间有多少呢？把每天工作的时间相加，除以当月工作的总时间，得到的百分比就是工时利用率。工时利用率越高，说明这个人对工作的身心投入程度越高。

工时利用率低的原因是什么？贪玩，爱聊天，迟到早退，还是根本就不喜欢这份工作，没心思去干活。找到真正的原因，如果真的是因为对这份工作没兴趣的话，那么不妨考虑换一份更喜欢的工作。

工作完成率

本月领导交给你几份工作，你完成的情况如何，正常情况下完成这份工作需要多久？用你在每件工作上实际消耗的时间减去实际需要的时间，分别记录每一个数值，这些数值将会是你工作完成耗时表的起点。

工作完成效率的高低原因大相径庭，无非都是对工作的熟练度、专心程度等。分别解决各个原因，在之后的工作里吸取教训。再绘制一个表格，将每月每份工作的完成率变化作一条曲线，以便比较。

工作日清率

每个月的所有工作日中，有多少天能完成当天应该完成的工作？用这个数值除以工作日总数，得到的数值越高，则说明工作日清程度越高，说明这个人日事日清习惯养成得越好。

是什么原因影响了工作效率，为什么没能完成当日的工作？是因为个人能力、贪玩，是因为朋友相约，还是因为公司安排的工作太多，以至于无法彻底完成？每个原因都有相应的解决方案，能解决的就解决。如果实在无法完成，或许应该和领导沟通一下，要求他减轻一下工作压力吧。

薪水涨幅

工作干得好坏，成绩是否优秀，检验的方法其实很简单，看领导脸上的笑脸够不够灿烂。因为领导就像鸡场的场主，相对于下鸡蛋，他更希望员工能下出金蛋。除此之外，最主要的还是看工资表上的数字增长了多少。

薪水增长的幅度，是对工作最直观的肯定和对比。如果本月的工资降了，除去外界经济环境的影响，最大的原因就是工作没做到位。这时应该检讨一下了，看看究竟问题出在了哪。

如果薪水涨了，这也不是炫耀和得意的资本。相反，这却是最大的威胁，因为它带来了危机——如今的你已经水涨船高，如果不能在风口浪尖上再接再厉，一旦挺不住的话，就像某位相声名家常说的那样：浪必摧之！

Chapter6

游转属于你的圈子

"人脉"很重要，但能为了人脉七巧玲珑、八面逢源的人还不是大多数。也许你就没碰得上那些善于钩心斗角、踩上瞧下的人，但要知道，他们也是在付出，付出就会得到回报，很有可能还是事半功倍的回报。你不想付出，就不要羡慕别人所得到的。在交际圈中，你做到不是另类就好。

观察你一米半径以内的"亲人"

微寄语 观察别人是种很好的习惯，但千万不要随随便便就把目光放在一个人身上。你所观察的人不要离你太远，以一米为半径即可。观察他们，为的是自己：看他们的不足，加强自己的信心；观察他们的优点，弥补自己的缺陷。

　　人与动物最根本的区别，就是动物可以离群索居，而人却不可能完全脱离外界，独自生存。即使那些隐居山林的世外高人，也必须穿别人做的衣服，吃别人种的粮食，用别人生产的工具。

　　既然要与他人联系，那就需要交朋友。交朋友的人分很多种，有人踏实交友，诚恳相待；有人虚浮交友，吃吃喝喝，吹吹大牛；有人则对朋友不冷不热，觉得有没有朋友都无所谓。在人们眼中，朋友对自己的态度也各不相同，比如那些自我感觉良好的人。

　　自我感觉良好的人有很多，他们大多会觉得自己是朋友中最受欢迎的人，觉得无论什么时候，他们的意见都会被他人无条件接受。事实上，并不一定真如他们所想，比如，一次小小的野游聚会，他可能会得意扬扬地提出想去某地，然后满怀自信地等着朋友们拍手叫好，没想到得到的却是一个大冷场。为什么会这样？不是他提出的方案不好，也不是朋友们不知道那是个好地方，可为什么没人应和呢？因为这个人属于"不受欢迎的人"。

社交圈子里存在两种人，一种是"受欢迎的人"，一种是"不受欢迎的人"。受欢迎的人，不管他提出什么意见，都会有人应和，或者帮他分析意见的优劣。而不受欢迎的人，多数时候是无人回应的。

判断一个人是否受欢迎的方法很简单，比如，当他遇到困难时，会有多少人会挺身而出就可以看出他受欢迎的程度。如果这个人是不受欢迎的，很可能大多数人都会假装不知道他发生了什么，电话不接，短信不回，就算在路上见到了他，也假装被风沙迷住了眼睛。

"亲人"不用太多，半米之内即可。进入半米，就别让他们再跑掉。

那些自认为交际甚广的人"亲人"遍天下，不管走到哪里都不用犯愁吃喝住。可真到要用到那些"亲人"的时候，才发现"亲人"并不亲。那时，他们开始埋怨自己的眼光差，后悔当初为他们投资了那么多，却从没想过为什么会这样。

都说"朋友多了路好走"，可事实上很多人都会因为所谓的"朋友"太多而寸步难行，因为不管走哪条路都要有些顾忌，不能伤到自己的那些"朋友"。所以，朋友不必太多，如果把你的朋友网比作一个圈子，这个圈子的半径，只要有半米就可以。半米的距离不算远，也不太近。你们可以面对面地交流，可以互相碰触对方身体而不别扭，完全真正地"亲"。

人的一生会遇到很多人，真正能走到你身边的人并不多，这些在你身边逗留的人，又有不少会因为各种各样的原因离去。这时你就会觉得伤心、悲痛，因为你失去了一个很重要的朋友。这与缘分和天意无关，既然他能走到你的旁边，说明你身上有吸引他的地方，也说明你能够接纳他的靠近。既然彼此都在意对方，为什么不好好把握呢？别让这美妙的友谊轻易烟消云散！

游转属于你的圈子

如果他走到了你的半米之内，你要做的事情很简单，就是留住他！展现最真诚的你，用行动、心灵和纯洁的眼神去打动他。当然，你还需要很多时间，比如抽空打个电话对他嘘寒问暖。千万不要交了朋友就再也不管不问，朋友不是钥匙扣上的指甲刀，啥时候想用就能用。

仔细观察别人，你会发现另外一个自己。

每个人对事情和问题的看法都不同，每个人对另一个人的观点也有差异。你有几个朋友，虽然他们可能会称赞你某个优点，但在他们的心中，对你的看法绝对不可能百分百一样。

仔细观察你的"亲人"们，看他们的习惯，看他们的行为，看他们的审美观。从这些来评断他们的为人，你也可以从他们对你的看法上分辨自己的不足。从而完善自己，让自己向更好靠近。

俗话说"知己知彼，百战不殆"。交友虽然不是交战，但每一个朋友都是你必不可少的助力。你要做的就是观察和了解，充分知道你每个朋友的特点，知道该在什么时候用他们做什么事——不要觉得这样很市侩，只有那些宁可自己累死也不向别人求救的人才是傻瓜！

只做人，不做秀

 微寄语　人生是一场戏，这场戏不需要哗众取宠的作秀，需要的是完完全全、踏踏实实的本色演出。只做人，别做秀：你会变得诚实，知道什么才是最珍贵的；你会变得明智，知道什么才是最值得追求的；你会变得自信，做最原本的自己。

做人，脚踏实地，诚实守信，有想法，有行动，再加上一颗善良、感恩的心，即可。作秀却没这么多限制。如果说做人在地面，作秀就是飘浮在空中的七色云彩，不受任何约束，可以自由自在地变幻自己的状态。

之所以会有那么多人作秀，就是因为作秀是件无拘无束的事，没有什么教条和规矩约束，可以随随便便地想怎么做就怎么做，无所顾忌地想说什么就说什么。但凡经常作秀的人，其行为无非有如下几种：

混淆秀：有一说二，没有成了有。

朋友给A君介绍了个对象，人好、爹好、工作好，最好的是人家没别的要求，只要A有份好工作就可以。可事实上A的公司只是个名不见经传的小单位，为了这个好"跳板"，A灵机一动，小公司说成了五百强，恨不得直接把自己说成是硅谷的CEO。

A的经历并不是特例，很多人都曾有过类似的经历。有就是有，没有就是没有。有些人在被逼到了某种程度时，没有就成了有，而且还煞有介事地装洋相。这样做的结果当然是被人拆穿，有时会灰溜溜地走人，有时则被奚落嘲讽。

夸张秀：小毛病说成大麻烦，小成绩说成大成就。

友人相聚，高谈阔论之际，为了得到别人的称赞，为了让别人对自己刮目相看，B君跃跃欲试地站了起来。演说开始：脚鸡眼成了脑癌晚期，新买的自行车成了奥迪Q7。在众人目瞪口呆的表情和喉咙咽唾沫的声音中，B觉得可自豪了，仿佛真有脑癌晚期和奥迪Q7一样。

凡是爱吹牛的人经常这样，就算只有自己一人时，也会时不时地吹上几句。爹有妈有不如怀揣己有，吹有梦有不如现实拥有。原本没有的东西被说成了有——大家都是朋友，没有不漏馅的包子，当牛皮被拆穿时，在朋友中落下个"蒙事"的昵称，还怎么在这个圈子里待下去呢？

有些人喜欢用"朋友都这样"来作吹牛的借口，觉得这个世界仿佛本来就该这个样子。凡是有这种想法的人，只能说明他交友不慎。交多了，只会把自己交得连姓什么都忘掉。

面子秀：面子尊严比命大，死也得要面子。

所有饮酒的人几乎都有这种观念：酒桌上的面子比什么都重要，真的比命还重要吗？所以，酒桌上出现了各种各样的英雄，啤的完了换白的，白的完了喝红的，红的完了喝混的，有些人本来酒量就不大，别人只要一劝一说，马上就是一杯喝尽，生怕在朋友面前丢了面子。

难道朋友相交就要从能不能喝酒这一点来看吗？谁都知道酗酒对身体有害，可偏偏就有那么多人在酒桌上屡敬不止。难道非得把朋友都喝出病来，才是真正的友谊吗？这样的朋友，还是保持一点距离吧。否则面子是要了，最后因为胃下垂躺进医院的却不是别人——倒霉的还是爱面子的你！

胡扯秀：东榔头挨着西棒槌，不是一回事也成了一回事。

与人交往，聊天交流是很平常的事情，大家坐在一起，举杯饮茶，纷纷聊起自己的近况。可有些人最近真的没什么变化，又不想被人看轻，所以他开始东一句西一嘴地拼凑，最后一不留神，居然说是他抓住了卡扎菲，扯破天了！

朋友间的互通有无，一是为了看到大家彼此的进步，同时也是为了更好地调配彼此的资源，更有一个互相促进的作用。如果在朋友相问的时候说出实情，真正的朋友一定会想办法帮忙解决你眼前的困境。如果你对朋友都不说实话，朋友还指望和你交往什么？友谊早晚会被你这张嘴给"扯"破的。

晃点秀：其实我就是说说……

阿基米德说"给我一个支点，我能撬起整个地球"。对于有些人来讲，这句话则可以说成"给我一张烂嘴，我能吹破整个地球"！这就像《狼来了》的故事一样，第一次吹牛的时候别人可能会相信，第二次再说假话的时候很少有人信，第三次、第四次可能根本就没人再相信了。为什么不能说点实话呢？有些人怕被朋友更看不起，却不知道，他可能在朋友们的心中已经成了个供人取乐，却还不自知的傻瓜！

归根结底，其实问题很简单：你愿意为自己活着，还是为了别人的眼光活着？为自己，就踏踏实实做人，有什么说什么，该干什么干什么，因为饭只有吃到自己嘴里才是香的。能踏实的时候就踏实点吧，这根本不丢人，也只有踏实的人才能被圈子真正接受。

为别人的需要做件事

 微寄语 为别人的需要做件事，不想付出多少，也不想回报，这不是傻瓜，而是明智：做些对别人有利的事情，会对自己形成正面影响，与此同时，你的思想境界也将得到提升。

地球上居住着几十亿人口，每个人都有自己的交际圈，每个圈中的人都有自己的关系网，这一张又一张的小网无边无际地蔓延开来，那么全世界的人无非都是些那谁家的小舅子的二姨夫的三哥的小姨子的男朋友的老师的邻居家的那谁……

所有对人有利的事情，都可能会对自己形成影响。在帮助别人的同时，自己的思想境界也会得到提升。

蝴蝶扇动一下翅膀，世界的未来都有可能会变化。任何一件微小的事情，都有引发改变世界的可能，不同的是改变的方向和程度罢了。如果说每一分、每一秒世界都在变化着，那么，其实也是说我们每时每刻都在改变着世界。

不要觉得与人谋利是件费力不讨好的事，谁也不敢保证最终获益人是固定的。这就像那些扶老人家过马路，最终却得到遗产的人一样。这些人做这些事情的时候不一定带着什么特殊目的，但是结局却是好的。

如果《农夫与蛇》听结局在当初发生了变化，那现在就会多出很多没心没肺的"夯货"。从小我们就学习"勿以善小而不为"，与人为善是每个人都应有的美德。既然是美德，不管是大善，还是小善，不管是对自己的善，还是对别人的善，都是我们应该去做的。

放下帮助别人能否对自己形成影响不提，就算那只是纯粹的帮助，只是无所求的赠与，你的一些小行为却可能改变一个人的一生，让一个原本可能在走下坡路的人改邪归正，这是多么振奋人心的一件事啊。

可能有些人还会揪着"与我无关"这四个字不放，要知道，如果一个人对那些关系不怎么好的人都能善良地伸出援手，那对自己、对亲友不是能更热情、更有善心吗？不要觉得这些付出不值得，用这些行为换来思想境界的提升，最终占了最大便宜的还是自己。

为别人的需要做件事，不计较得失，不考虑付出多少，只是用心、用力地帮助，这对那些向来以"人不为己，天诛地灭"为座右铭的人们来讲，是对人格的一次历练。开始的时候可能会腻烦，后来也可能会产生逆反心理，再后来，当这一切成了习惯之后，腻烦和逆反会变成轻松地笑笑。这时，人们都会对自己说：这其实没什么大不了的。

帮助是一种习惯，最终受益的还有你自己。

帮助不分大小，千万不要为了帮助别人而搜肠刮肚地想各种各样的大主意。不管什么事，不管什么时候，只要尽了一份心，别人就会领情，哪怕只是在别人需要的时候帮忙打一次"114"。

当别人知道你可以如此尽责地帮助一个不相关的人时，你的口碑和影响力会大大提升。放心，没有不透风的墙，你的好事早晚会被别人传颂。所以你千万别着急自吹自擂，等着别人把你"挖"出来吧！

在这个凡事"利"字当先的社会，你帮助了别人，赢得了大家的赞赏。可能会有人笑你傻，骂你痴呆，但你心里却跟明镜似的——只有你自己最清楚你在其中受了多大的益，不是吗？

有些时候，帮助可以是一次秀，但绝不是那种华而不实的秀，而是大家都能得到实实在在好处的秀。你要把这当成一种习惯，或者把帮助别人当成你的一个特征、一个标志。虽然你明知道自己不会成为新时代的雷锋，也不要因此而放弃帮助别人的念头。

你可以休闲，但不要懒惰。你可以在无聊的时候把自己埋在沙发里听葡萄牙法朵，但千万不要在本该忙碌的时候躲到厕所里吸着烟，听西班牙雷鬼。如果说人生是一个大科目，那你平时的每一个举动都是一次实习。

为别人的需要做一件事，并不只是做事这一简单的概念。不仅要做，还要把这些形成一种自然，这是人们在面对人生、面对人群时的一种平淡且超然的态度。不要觉得这是什么玄妙的东西，最直白地讲：你如何对人，人便如何对你。

了解一个和你没有交集的人

 微寄语 客观地审视一个人的人品、性格、能力和习惯，然后把这种方法用在你的朋友身上，你会发现真实的他们和你以前眼中的他们有很多不同。再把这种方法用到自己身上，你会发现自己很多隐藏起来的优、缺点。

喧嚣的长街，车水马龙，行人摩肩接踵。一位西装革履的男士和一个泪流满面的女子正在争论着什么。因为距离比较远，他们究竟在说什么是听不清的。只能看到两人的争吵越加激烈，最后这个男人转身气呼呼地离开，头也不回。而女子则哭着瘫坐在了地上，手无力地举着，似是在向男子做着最后的挽留。

如果某天你在闹市街头看到了这一幕，恰好又认识那位男士，你会认为发生了什么事情？从小我们就学习用"因为……所以……"的句式来造句，那么现在用这个句式来完成上面的假设吧：

因为我和那位男人是很好的朋友，所以我断定那个女人一定是想向我朋友讹钱，没准就是走路碰了一下而已，就吵起来了。看那个女人哭的样子多假，肯定是个骗子。

因为我比较讨厌那位男人，所以我觉得那男人一定在外面养了小三，噢，就是那个女人啦。现在想和小三分手，小三自然不干，就向他要精神损失费啊什么的。这个讨厌的男人，居然不想给！玩弄了人家感情，一走了之，太缺德了！

因为我只是知道他，并不相熟，管他那么多干吗？所以，这件事情我不发表任何言论。

"因为"后面的句子你可能不会说出来，但你心里多少总会有一些想法。可能你会否认，但那确实存在于你的潜意识里，只不过你没觉察到罢了。之所以会有这样的情况，那是因为你戴了一副有色眼镜。

摘掉眼镜，去伪存真，学会客观地审视，每个人都有闪光点。

爱屋及乌是每个人都有的毛病，有人觉得这是人性本身就带有的特征，实际上却是错误的观点。抛开亲近度和眼缘不说，每个人在别人的心里都是一样的。

因为讨厌，所以不喜欢。因为亲近，所以赞美。就像女人在看喜欢的男人时，觉得他的汗脚都是男人味的表现。而在看到讨厌的女人时，就算她长得再漂亮，也觉得那是搔首弄姿的做作。之所以会这样，是因为每个人的心里都戴着一副有色眼镜。这并不算是缺点，而是每个人随着成长而产生的毒素。这种毒素自然而然地产生，悄无声息地滋长，最终被人们当成了各自的习惯，并习惯着这种习惯。最终把这种习惯当成了天经地义的自然。

试着去了解一个与你没有交集的人，这时你一般会摘掉眼镜，客观地去审视。因为那个人与你无关，不存在喜欢还是讨厌，你可以完全以第三者的角度去欣赏他的好，去批判他的坏，去揣测他的内心。当你能客观地审视一个人时，你再把了解这个人的办法写在纸上，整理一下所有步骤，再仔细地回想每个细节，看看有没有漏掉的。事实上，一般来讲，了解一个人，不外乎从以下几个方面着手：

看社交圈子，理财方法，其崇拜的对象，成功时如何面对羡慕嫉妒恨，失败时如何面对生活。除此之外，还要观察他的语言表达能力、应变能力、忠诚度、诚实度、爱情观、孝廉观、勇敢程度和对饮酒的观点。

记住你在了解那个人时的心态，并保持这种心态，继续用陌生人的眼光去审视你身边的其他人。通过以上几个方面的评判，你会发现，你身边的人已经变了，有的变得陌生，有的更加熟悉，有的变得强大，有的则越来越渺小。

这时，你需要重新整理一下你的人际关系网了，该去除的去除，该保留的保留，该升华的升华，该疏远的要尽量疏远。但不管怎么做，你都不要把这些当成永远，因为每个人都会改变，你的人际关系也应该是时刻变化的。

了解别人，最终目的是了解自己。如果你已经习惯了用无色眼镜去看人，此时此刻你应该看看自己了。以前的你，内心是否强大，有什么优点，在什么地方是无人能及的。当然，你也知道自己有什么缺点，恐惧什么，最不想面对的是怎样一种境遇。

你现在已经清楚地看到了所有朋友的真正"面目"，那么你应该考虑如何更好地保护自己了，也该知道怎样让自己更加强大。其实这并不是什么困难的事情，之前你已经知道了如何让自己有爱，怎么让自己更加完美，你现在所要做的，只是针对现在的你，为自己开一剂适合自己的微改变良方。

主动"曝光"自己，扩大影响力

 微寄语 每个人都需要主动、合理、有效地"曝光"自己。当一个人更加引人注目时，他的社交圈子会越来越大，朋友越来越多，机会也会随之增多，成功的几率自然也会增加。

现在大多数人都爱把"低调"挂在嘴边，不管是怀才不遇的，还是外强中干的，有事没事就大喊几声"低调"。其实低调只是针对那些爱炫耀、好出头和易冲动的人而言的，不是所有人都必须低调。

对于那些没什么成就的人越是低调越没机会出位；越是低调，结果大多是越来越低，最后永远都调不上来了——如果想成功，就要把自己暴露在他人前，以扩大影响力。但曝光不等于炫耀，能曝的曝，不能曝的不可乱曝，更不能盲目地瞎显摆。

别把自己当成舞娘，舞台上的舞娘扭腰摆胯，时不时还会把"事业线"露于人前，那些可以看成她们的资本，但更多的却是被生活所迫。所以，在曝光自己的时候，一定要分清自己的"事业线"究竟是什么在哪里。

人无完人，别觉得自己一切都是优秀的，即使是公众人物都知道保护自己的隐私，所以在曝光的时候千万不要什么都说，否则，曝光未遂，更有可能会落个哗众取宠的下场。

再者，曝光自己不等于贬低他人，所以千万别把自己幻想成名嘴，不要随便评论别人。每一张名嘴出名的背后，都有无数的舌根和唾沫。况且现在名嘴已经不是主流了，只能让人觉得你是在抢人风头。一旦这样，你将成为众矢之的，早晚会把自己搞得千疮百孔。

淡定能让一个人看起来更沉稳，更具亲和力。但如果淡定得过分，又会使人觉得这个人索然无味。所以，在面对成功的时候，只需要在内心深处保留一丝淡定，其他精力都用到继续曝光上去吧。

每个人都有自己的风格，就像每一朵花的美丽之处都不尽相同。在曝光的时候，要曝出专属于自己的风格和特色，才能让人记忆犹新。一个善于扩大自己影响力的人，他的朋友每每提到某个方面，就会首先想起他。

现代社会的网络传媒异常发达，猫扑、天涯、豆瓣、微博，以及新近出现的手机微信、飘信、米聊，任意一种形式都可以作为曝光自己的载体。想想那些微博女皇、王子，看看他们是如何成名的。借鉴一下，谁都有机会成为最耀眼的明星。

羡慕嫉妒恨是一定会有的，如果现在的你已经有了一定影响力，已经不是当初那个名不见经传的小人物了，那你一定要处理好这个让人头痛的问题，否则就真的被曝光了。

千万不要弄些绯闻或者什么"门"，那只能让你曝光不成，反受其累。不可否认，凤姐如今确实成名了，但她成名的背后是数不尽的鄙夷和斥责。要曝就光明正大地走正确途径，一夜成名的人存在，但一定不是你！

舆论的流向很重要，随着你影响力的扩大，你会收集到各种不同的看法。你要做的，就是搜集一些主流评判，审视自己，改变不好的自己，发扬更优秀的自己。那个最被他人推崇的优点，很可能就是你以后的品牌。

如果你想扩大你的影响力，首先要对人有所了解。不管你将面对的是上司、长辈，还是平辈或者晚辈，哪怕只是素不相识的陌生人群，你都要充分了解这些人的世界观、价值观、好恶以及对你的态度。

扩大影响力需要一套合理的计划来作为你行动的轨道，还需要正确的目标作为行动指引。并且，还要有一套完备的"售后服务"工作程序。因为影响力的扩大并不会永远保持在某个状态，这一点从电视上那些频繁曝光的明星们就能看得出：当某些明星渐渐被观众忘记的时候，肯定会突如其来地出现一些事情，被媒体传播，被人们议论，这样他们就又"火"了一把。

你的"售后服务"当然不是要你不停地制造各种绯闻和负面消息，而是一些实实在在的活动。说白了，如果想扩大影响力，你就不能总是藏在别人背后，应主动走出来，把自己暴露在阳光下，让所有人的视线都能看到你。

你要频繁出入各种场合，只要能与你扯上关系的，哪怕是生拉硬扯，你只需要这样一个参加的借口。之后就看你如何用自己的口才、礼仪、性格等人格魅力去征服别人了。征服的人越多，你圈子的增大越大，你的影响力也就越大。

为别人的成绩庆祝一回

 微寄语 为别人的成绩而庆祝，这并不是在做无用功，而是一种非常智慧的交际和提高自我修养的方法。当你为别人的成绩而雀跃欢呼时：你豁达大度了，不会再因羡慕妒嫉恨而纠结。得到了别人的好感，扩大了自己的圈子。

我们经常会在现实生活中遇到一些这样的人：当他们获得了成功、取得了荣誉，就开始扬扬自得，甚至欢呼雀跃，恨不得一下子蹦到天上去。他们觉得自己成了俯视众生的神灵，低下头鄙夷地看着地上那些卑微的蝼蚁。一副小人得志的样子，觉得这世界再也没有能超越自己的人存在了。

"小意思啦"、"那都不算啥"、"皮毛而已"，这些人经常把这种话挂在嘴边，尤其是在得到别人的赞赏的时候，他们总会故作低调状，实际上心里已经美得跟花一样了。如果谁在这时候对他们有一句贬低，他们很可能会暴跳如雷，大肆奚落别人不如他。也可能会什么都不说，却在心里狠狠地记下一笔仇。

这些人最受不得的是别人的成功，哪怕只是些许的进步。当他们发现某个人取得了一些成绩的时候，要么置若罔闻、视而不见，要么嗤之以鼻、挖苦嘲讽，而鼓励和掌声是他们一直最吝惜的，即使是一个简单的微笑，他们也不会轻易绽放。

如果恰好那个人和他有仇，机会来了："看看，我早就说那小子不行吧，你们还不信！现在砸锅了吧！这还不算完，不信你们看着，这次他把合同谈崩了，下次还不定出什么乱子呢！他就是一个祸害，留在公司早晚得捅出大娄子！"

有些人觉得鼓励别人是一种增加危机的事情，觉得自己的鼓励一旦成了真，别人就会借机而上，最终踩到自己的肩上。在那些危机成形之前，如果能够打压是最好，就算打压不成，也不能助长它们生长的势头。

在我们周围，这类人不在少数。如果看到别人成功，哪怕是他特别要好的朋友成功，就是明知道为别人喝彩的好处，也习惯拽着他，让他不那么做。如果成功者是个与他没有任何关系的陌生人，那就更不可能有祝福了。

没有尖叫的赛场是孤独的，没有掌声的比赛是空寂的，没有祝福的婚礼是孤单的。人生不仅需要成功的欢笑、痛苦的洗礼、无奈的冲击，同样需要得到别人的称赞与喝彩，尤其在一个人取得成功的时候，他可能会举办一个庆祝晚会，会很开心地接受众人的赞美。假如这次庆祝是别人为他举办的，他就更幸福了。若真如此，你为什么不能主动为朋友庆祝一次呢？

为别人的成绩而庆祝，其实并不是什么难事。之所以很多人做不到这一点，是因为人们总在遇到事的时候把自身利益放到第一位：有利时前赴后继，无利时不愿起早。只有与自己切身利益相关的人的成绩才值得他们喝彩，而那些不相关的人，或者可能阻碍自己进步的人，他们只会冷嘲热讽，甚至整脚使坏。

为别人的成绩而庆祝，这是一种豁达大度的表现。千万不要把向你的敌人真诚道歉当成灭自己威风，只有目光狭隘的人才会觉得你是在示弱，真正有眼光的人会看到你的恢弘气度，进而为你的人格魅力所折服。如果庆祝的方式得当，很可能你会因此而失去一个敌人，同时得到一个坚实的盟友。

为他人的成绩庆祝是对自己的一种激励，因为别人的进步映射着你的落后。如果你为他人庆祝，对方很可能会因你的行为而百尺竿头更进一步，为了缩小彼此的差距，你也不能不奋起直追！

为别人的成绩而庆祝、喝彩时，千万要记住以下几点：一是，鼓掌力度要适度。过轻或过重都会让人觉得你是在哗众取宠，或者别有他意。二是，目光要真诚。让别人在你的脸上看不出任何不和谐的情感，让对方感受到你的真诚。三是，行为要得体，不能做出格的事情，要尊重对方的习惯。如果你用西方的吻礼来为东方人庆祝，很可能会被当成是寻衅滋事者轰出去。庆祝的时候也不要刻意抬高或降低自己的姿态，不卑不亢即可。

现在，想一想你圈子里的所有朋友，有哪一个刚刚取得了成绩，去为他庆祝一次吧！

摘掉眼镜，用心去看人

 微寄语 不要让自己心中的骄傲和清高关掉心窗，而忽视别人。看人需要用眼，更需要用心。随时把握好分寸，宽以待人，严于律己，你可以获得更多。

我们身处于一个镜子充斥的世界，周身到处都是各种各样的镜子和戴着这些镜子的人：有人戴的是远视镜，近在眼前的东西，他们总是看不清，非要等到长久之后，才能明白事情的本质；有人戴的是近视镜，因为太远的他们总不在乎，只在意眼前的得失。

有些人戴着反光镜，当镜面向内的时候，他们眼中只有自己，当镜面对外的时候，他们见样学样；那些戴着平光镜的人们，觉得这世界上的所有人都是可怕的，他们活得小心翼翼，时时处处都如履薄冰，对谁都加着千万分的小心，敬而远之。

经历决定思想，思想决定目光，目光决定眼镜，眼镜决定成败。

常吃亏的会心存恐惧，常胜利的会骄傲得意，经历和环境熏陶着人们的思想。那些思想肮脏的看什么都是坏的，那些内心纯洁的看什么都是善的，心里想着什么，眼睛里看到的就是什么。

好高骛远的不会考虑眼前，目光短浅的不会思忖长远，自我太强的不会管他人饱暖，没有自我的几乎忘了如何吃饭走路，那些被恐惧左右着的人们，则干脆对谁都一副冷冰冰的样子，生怕一不小心又吃了亏。

随着成长，人们都不知不觉地戴上了眼镜，有人或许觉得这没什么，因为大家都这样，但当镜子的度数逐渐增高的时候，问题便产生了。虚伪、奸猾成了很多人惯用的伎俩，利益成了很多人衡量做与不做的最大筹码。

诚信在如今虽然会常被提起，但在很多时候都只是一些人扯出的大旗，这些人在诚信幌子的掩盖下，做的尽是些害人获利的事情。而那些眼镜度数较低的，或者已经摘掉眼镜的人，在戴眼镜人的心中都成了"二货"、"傻瓜"和"猪"。

如果一个圈子里的人们都戴着高度眼镜，那这个圈子迟早会散掉，因为这个圈子里没有真诚的存在，人们在看待别人的时候都不能用心，只用不同的眼镜。就像在与一个穿着破衣烂衫的人交朋友时，戴不同眼镜的人会有不同的反应：

戴远视镜的人：穿什么不重要，重要的是这家伙是不是只"潜力股"。先交往着，如果总是这么破落，那干脆赶出我的圈子！

戴近视镜的人：现在都穿成这样，还想什么以后啊！这种朋友根本没有交往的必要，我的圈子容不得他！

戴内反光镜的人：爱穿什么穿什么呗，跟我没有一点的关系。我的世界很小，只有我一个人，有时间看他，还不如自我欣赏呢！

戴外反光镜的人：看看，这穿的是什么啊？我可不能跟他学，不能跟他走得太近，否则会影响到我的！

戴平光镜的人：穷极生疯啊，我得跟他保持距离，万一哪天偷了我的东西，那可不成，坚决不来往！

这只是一个很简单的例子，光凭外表，任何人是看不出别人的内在的。可很多人都习惯了戴着眼镜去看人，现实地看能不能从别人身上得到利益，却忘了当年那段不戴眼镜、用心看人的岁月。

在那些青涩的年纪里，每个人的视力都是一样，看人的眼光也很简单。随着年龄的增长，和经历的不同，人们看待问题的角度和方法也发生了改变。人们不是看不清眼前的人和事，而是习惯性地戴着镜子去衡量。

摘掉眼镜，用心看人，世界原本就该这样。

不管戴什么样的镜子，人们看到的都只是表象。尤其是在和那些刚刚走入某个人圈子里的人们交往的时候，每个人都会带着审视的态度谨慎行之。审视没有错，但戴着眼镜去评断，得到的结果往往是错的。只有用心感受到的，才是真正的人。

如果你的身边正有一个人，不论他是谁，尝试用如下的步骤去看这个人。从与他相识开始，他所有的事，他的语言、行为，有哪些是你所欣赏的，哪些是不能苟同的。通过这些你可以找到和他的共同点和不同点，把这些都罗列在一张纸上。

再看他的交际圈，他的成长经历，看看他身边的人，通过这些，你可以更深地了解他，看看这样一个人会给你带来怎样的益处：可以从他身上学到什么，可以帮他改正什么。把这些也记在纸上。

看他的生活习惯、作息时间，看他有没有固定的时间表和规划。通过这些，你能知道他是不是一个守时的人，知道他有没有严谨的生活态度：虽然只是交个朋友，但一个好朋友身上的优点，真的可以在很大程度上影响到你。

不止这一个人，你身边的所有人，不管是初识的、相熟的还是陌生的，试着用同样的方法去看待每一个人。其实这很简单，你所要做的只是静静地思考。千万不要睁开眼睛，因为你的眼睛上还有眼镜，你所看到的不一定是真的，只有在心里看到的才是最真实的对方。当你习惯这一切之后，也没必要摘眼镜了，因为它早就自然消失了。

测一测：你是"透明人"吗

 微寄语 看看自己是不是"透明人"，以此来看看人生路上究竟亮着多少红灯。改掉"透明"的坏习惯，可以使人走出自卑和恐惧的阴影，使人被自信的光环笼罩。

这里所说的"透明人"，当然不是科幻电影里面的隐身人，也不是穿着透视装的lady gaga，而是你存在的一个价值。如果你是透明人，那说明你的存在对你的圈子没什么影响力，这是一个非常严重的问题，你需要加大你的影响力！

1.有没有经常被人叫错名字？

A. 有时候会，但那都是正常情况，熟人除了说顺嘴的时候，几乎没叫错过。——+0

B. 一半一半吧，不熟的人经常叫错，朋友也有时会叫错。——+5

C. 经常被人叫错，就连亲戚有时候都会这样。——+10

2.很多朋友出去玩，却决定不了去哪里。在表决时，你有没有被无视过？

A. 敢无视我？那他们是不想混了！——+0

B. 很少被无视，咱从来都是耀眼的小星星。——+2

C. 表决吗？我从来不参与的……——+10

3.你所提的建议经常不被别人采纳吗？

A. 咱的意见一般都被人采纳，就算不采纳，也会有合理的理由。——+0

B. 偶尔会被否决，但别人都会仔细考虑。——+3

C. 我从来不提建议的……——+8

4.别人让你做什么的时候，会不会问你愿不愿意？

A. 当然会问，我又不是骡马，怎么抽怎么走。——+0

B. 会问啊，但也只是问，不管我愿意不愿意的……——+5

C. 问什么啊，从来都是"那谁，去干那什么去"，连我名字都懒得叫！——+10

5.大家一起聊天，你经常坐在什么位置？

A. 当然是中间，我很"人来疯"的。——+1

B. 我喜欢做听众，但也会时不时发表意见，所以坐在比较中庸的地方。——+4

C. 靠边坐啦，我一般都是只负责听的。——+10

6. 公司聚会，你常参加，还是回家？

A.参加，必须参加，那么热闹的事情怎么能少得了我？——+1

B. 有时候会参加，有时候不喜欢的话，就找借口推掉。——+6

C. 不参加，直接走人，没人会问我为什么离开。——+10

7.公司开会，你常坐在角落，还是哪儿，常发言吗？

A. 靠近领导啊，悲催的领导老是让我发言。——+1

B. 靠中间，会议决定公司命运，那与我息息相关，有机会当然要发言。——+4

C. 靠边坐，只听不说话。——+10

8.中学同学聚会，有多少人能记得你的名字？

A. 大部分都记得。——+2

B. 很少会记得。——+4

C. 几乎没人记得。——+10

9.知道易中天和周立波吗？

A. 知道。——+0

B. 名字听说过，至于他们是干什么的，就不知道了。——+7

C. 没注意过。——+10

10.老板的批评和表扬，孰多孰少？

A. 表扬多。——+0

B. 批评多。——+3

C. 一半一半。——+5

D.几乎都没有过。——+10

11.如果你犯了某种错误，当你面对别人的挖苦、奚落，你将如何？

A. 甭管别人说什么，那都不重要，重要的是我错了，我要做的只有改过。——+5

B.我是错了，可也不至于这么埋汰我吧？不能忍，坚决不能忍！——+9

C.管他们呢，就当是放屁好了，我不在乎！——+8

D.我的天哪，原来是挖苦我啊，我还当是夸我呢！——+10

12.你记了几个朋友的电话，你的朋友也可以把你的号码倒背如流吗？

A.关系要好的朋友的电话我们都互相记着呢。——+2

B.我从不记别人的电话，反正有电话本。别人记没记我的我也不知道。——+6

C.我肯定没人记我的号码，因为我问过他们，这帮孙子，太可气了！——+10

D.话说，我从来不留朋友电话的……都是他们找我，没人找我就自己玩。——+9

本测试得分不分档，得分越高，透明度越大，也就越危险。以下会给出几条减小透明度的有效方法，请参阅。

1.提高自信，赶走自卑。

很多人都怕自己说错话、办错事，觉得自己没能力做好工作，所以渐渐地产生了逃避的念头，经常躲到一边，不敢参与，这是使自己"透明"的第一大危害。培养自己的自信心，增强渴望成功的信念，哪怕让自己变成随时准备择人而噬的猛兽。

2.没有危机意识。

有些人觉得平淡和低调才是行走人生路的王道，殊不知平安虽是福，却也能使人丧失锐气。要让自己知道危机，知道随时都有人会爬到自己头上。这样不停地催促自己前进，逼迫自己做些不愿意做的事情。比如参加聚会、勇敢发言。

3.偏见太多。

"女人比不上男人"、"时运不济"、"不能越权"、"要知道本分"，太多的旧理旧俗，压得人不敢翻身，不敢抬头。有些人觉得成功太难，见识了那些失败的人们如何凄惨，所以决定永远不越雷池半步。他们却不知那些跃过龙门的鲤鱼最后都化成了龙。为人一生，如果不敢拼搏，那还对得起这一撇一捺（人）吗？

Chapter7

打听幸福的下落

每个人心中都有一个坏孩子的天空，每个人心中都有一个故事，每个人心中都有一段伤心的往事。也许那个坏孩子很懂事很孝顺，也许那个故事的主旋律并不凄凉，也许他背后站着一个爱他的不离不弃的女人。但这一切都阻止不了人们追逐幸福的脚步。

找出你最爱明星的十大缺点，杜绝盲目崇拜

微寄语 找出你最爱明星的十大缺点，不是为了贬低偶像，而是让你更理智地崇拜。改掉盲目崇拜的坏毛病，那么你就不会迷失生活的方向、失去辨别是非的能力。

影视明星，歌星，体育明星，笑星，行业明星……每个人都有自己喜欢的明星，而你喜欢的明星都有谁，为什么会喜欢他们呢？

理智的人在喜欢一个明星的时候，只喜欢他的部分，比如明星的歌、明星的戏或是明星的善良……有些人却不这样，他们崇拜一个人的时候，就连那个人的汗脚也成了这世界最美的香。对于这些人来讲，毋宁死，也不愿承认他的偶像有瑕疵。

网络上的人总爱用"党"和"控"来形容那些对于某些事物有着特殊癖好的人群，在追星这件事情上，很多人都已经上升到了"党"和"控"的高度。对于喜欢的，他们会不顾一切地追捧，不论糟粕精华，也不管低俗高雅。

外貌党。毫无疑问，这些人在追星的时候只看明星的相貌，谁长得帅就追他，谁长得漂亮就喜欢她。至于其他诸如人品、功底方面的因素

则完全不在考虑范围之内。他们不仅追星，就连那些和他们的偶像长得像的人，也成了他们追逐的目标，甚至有人都会因为找了个和偶像长得相似的恋人而骄傲自豪。

身材党。男子的健美，女人的苗条，那棱角分明的肌肉和曲线曼妙的"S"型都是这些人追逐的目标。如果哪天被他们看到了某个明星超酷的造型，很可能当时就激动得流出鼻血。

声音控。歌声之美不全在乎嗓音，也有旋律和配器的呼应。但对于声音控来讲，他们在意的只是明星的声音，有时甚至会用音频软件把曲子去掉，只留下单一的声音伴着自己入梦。

名字控。每个人都有自己的名，有高雅，有平实，有霸气，有婉约。大多数明星的名字都很有特色，这也成了追星一族们追捧的目标。他们还会把自己的网络昵称、外号，甚至自己的名字都改成和明星一样。

洋范控。每个人都有追逐自己喜欢的潮流的权利，但有这么一些人，他们根本不考虑那些来自国外的"洋范"是雅是俗，只要不是国产的，不管好坏必须追捧。哈韩、哈日、哈欧美，那些整天把自己打扮得"花枝招展"的"非主流"就是例子。

事实上，谁能没有缺点，明星也不例外。客观地想一想你喜欢的那些明星都有哪些缺点：谁的鼻子太大，谁的下巴太长，谁的双眼皮是割的，谁总有家庭暴力的倾向。有人在出名之前是个地痞，有人出名之后成了流氓。有人总把仁慈挂在嘴边，却总在背后做坏事。有人嘴里说着不怕竞争，暗地里却诋毁同行……

找出你最爱明星的十大缺点，并不是要诋毁他们在你心里的地位，也不是为了跟你打嘴仗，而是让你变得明智：盲目崇拜最终只会迷失你的眼，让你连自己是谁都不知道，所以，爱什么都需要仔细考量。

盲目崇拜会使人迷失生活的方向。当盲目崇拜产生时，有些人的生活就开始丰富多彩了：明星画报、明星新闻、明星资料，各种碟、各种纪念册，明星穿过的衣服、用过的包、戴过的首饰……他们生活中的一切全都跟明星有关，恨不能把自己包装成另外一个明星，恨不得自己就是那个明星的影子。

盲目崇拜会使人失去辨别是非的能力。娱乐圈里有句话"想出名，闹绯闻"。近年来街头巷尾，小报网络上到处都是各种传闻、各种门和各种复出。每当一个"门"诞生的时候，网络上便开始各种各样的争执和谩骂，以此来造势，加大明星的知名度和影响力。在这种氛围的影响下，一些普通人也开始加入了战争：当看到崇拜的明星被人"诋毁"时，很多人根本不管谁是谁非，直接回帖开骂。当这种行为形成习惯时，他们再做别的事也很容易会分不清是非黑白。

盲目崇拜会使人忘了自己是谁。看看某些人身上穿的，手上和脖子上戴的，没一样不是某个明星身上的仿品；有些人连说话都学别人，走路也开始越来越有"范"。他们可能觉得自己很拉风，实际上是堕落的前兆：不和人比能力，只和人比谁更崇拜、更像某明星，这样的人生到底是自己的，还是明星的？

每个人都可以有自己的崇拜，但崇拜的方向和方式要对。找出最爱明星的十大缺点，只是想让人辩证地去判断、去崇拜：不盲目，不冲动，不歪曲，这才是崇拜一个人时应有的态度。

微改变要有办法，明星也是普通人。

假如你此刻正对某个人产生着好感，千万不要急着把他归类到"可亲近的人"、"好人"或者"可信赖的人"的范围内。就像查找你喜爱的明星的缺点一样，找找这个人身上有什么不足，然后再决定如何与之相处吧！

十大缺点，不妨从以下十个方面考虑：说话的时候是不是真诚，做事的时候行为是否得体，笑容是发自内心还是佯装出来的，做慈善是为了真慈善还是为了扩大影响力，功底是否扎实，是不是易怒，家庭是否和睦，脾气是好是坏，对人是不是真热情，绯闻多不多。

　　将崇拜下降到喜欢的程度，把明星想像为一个普普通通的人，这样你那汹涌的崇拜之心就会缓和一些。仔细地观察他的行为，客观地评判他的能力，审视他所有的成败。你会发现，再耀眼的明星，也有普通人身上的缺点。因为明星本身就是普通人。

幸福的 1…2…3…4…5

微寄语 人生就像一场旅行，而幸福就是旅行途中的风景。每一次的旅行都隐藏着无数的惊喜，只要你用心寻找，你会发现原来自己早已置身于幸福之中。人生这场旅途中当然会面临着许多荆棘，也会遭遇到许多坎坷波折，闭上眼睛，放空心……寻找身边幸福的1…2…3…4…5。

"幸福就是，我饿了，看见别人手里拿个肉包子，他就比我幸福；我冷了，看见别人穿了件厚棉袄，他就比我幸福；我想上茅房，就一个坑，你蹲那儿了，你就比我幸福"，这是一部电影对幸福的调侃。

幸福是什么？在不同人的心中，有着不同的定义，有人说锦衣玉食，有人说家财万贯，有人说位高权重，有人说……其实幸福就是每个人的切身感受。幸福就像穿在脚上的鞋，鞋子合不合脚，舒不舒服，只有自己才能感受。

人生就像一场旅行，而幸福就是旅行途中的风景。每一次的旅行都隐藏着无数的惊喜，只要你用心寻找，你会发现原来你早已置身于幸福的角落。人生这场旅途中当然会面临着许多荆棘，也会遭遇到许多坎坷波折，闭上眼睛，放空心……寻找身边幸福的1…2…3…4…5。

在人口庞大、面积宽广的中国，春节回家，的确是一件令人头痛的事情。看着一条条排成长龙的买票队伍，看着人山人海的候车室与车厢，让人分不清到底是人在运火车，还是火车在运人。此时的抱怨可能就如暴风雨般袭向我们的大脑，让人如此的不淡定。但是幸福只是相对的，不是绝对的，没有特定的模式。所有幸福的产生，皆源于人们的不懈追求与价值的不断实现。放空心，把抱怨、感叹统统扔进垃圾桶，看看窗外的风景，想想回家与亲人一起团聚的喜悦感，这可是花100万美金也买不到的幸福。如果你有这样的心态，不费吹灰之力，你就能轻而易举地发现幸福1…2…3…4…5，就能置身于幸福的海洋中。

一个人可能为了心底的那个幸福，远走他乡，或许有时会突然袭来一阵无助感，甚至有时还会下起寂寞雨。可这个过程中，我也可以一个人尽情地憧憬，尽情地追求，尽情地享受，尽情地难过，人生不就是这样——五味杂陈？如果还在父母的保护下，也许这一辈子都不会有这样的机会——品味自己人生的机会。无论是阴雨绵绵还是晴空万里，各有各的幸福，到最后，你会发现没有大树的庇佑，你也能为自己撑起一片天。难道这不是你的幸福吗？

一对情侣坐在地铁里，女孩旁边的陌生男孩突然开口问女孩要电话，女孩只是害羞地低了低头，并没有回答。这时的女孩的男朋友起来，跟陌生男孩示了一下威："兄弟，看我的！"接着俯下身吻了女孩，"做我女朋友吧！"女孩低着红红的脸，点了点头。这个时候的女孩无疑是幸福的。

巧克力，对于胖胖的我而言，无疑是个不敢踩的地雷。在今天这样阴冷阴冷的日子，我对自己宽容了一次。我喜欢巧克力，尤其巧克力蛋糕，喜欢它那种细腻甜美的口感，还有一股浓郁的香气，它能让我在阴冷的天气收获温暖。偶尔的甜食，可以为我的生活带来一些活力，这就是我的幸福。

　　前段时间媒体中一直在出现一个词汇"胶囊公寓"，这是一个来自日本的概念，把一座房子间隔成许多间，每间的空间都很狭小，但"麻雀虽小，五脏俱全"，每间屋子里都有相对齐全的家用设施。对于在大城市漂泊的年轻人来说，能花几百块的价钱，租到这样一间"胶囊"，在一天劳累之后有个可以休息的地方，这就是一种幸福。

　　其实幸福很简单，就在你我身边。不信，你自己找找，或许能找出一大堆。我们要学会享受当下的幸福，不管未来的生活是怎样一个状态，都要让自己维持差不多水准的幸福感。努力积极地挖掘，你会找到N个幸福。

请试着尝试包容和宽恕

 微寄语　如果你想要心灵成长，就努力去尝试宽恕。理解那些让你排斥的事情，也宽恕你自己。宽恕会让你学会放下心结，也会不自觉向别人传递出这种爱的能量。只有在宽恕和放下中，你才能获得真正的内心平静。

原谅

人的一生中总会遇到不顺心的事，会碰到不顺眼的人，如果我们愤愤不平，怨恨诅咒，一心想着报复他们，要"以其人之道还治其人之身"，甚至有过之而无不及。就会活得累，活得痛苦。

其实，最理智的方式却刚好与此相反，潇洒地说一声"我原谅你"才是摆脱恶劣情绪的良策，也是你能做的勇敢的行为之一。

原谅是一种风度，是一种情怀，原谅是一种溶剂，一种相互理解的润滑油。原谅并不意味着屈服，它只表示你愿意让既往之事过去。一旦你采取原谅的姿态，你的情绪就不会再被那个伤害你的人所左右。

原谅是什么？原谅自己并不意味着对自己的放纵，原谅别人并不代表着丢弃原则，原谅生活并不是不热爱生活。原谅对方当然显得自己大度，但谁也不能说原谅是一件容易的事，尤其是在彼此伤害之后。

原谅不易，但却会带给你有益身心的快乐——科学家发现，原谅还可减少对身体免疫系统的损害，善于原谅的人，通常表现出较少的沮丧、愤怒和压力，凡事比常人更具信心。

宽容

宽容是最美丽的一种情感，宽容是一种良好的心态，宽容也是一种崇高的境界，能够宽容别人的人，其心胸像天空一样宽阔、透明，像大海一样广浩深沉，宽容自己的家人、朋友、熟人容易，因为他们是我们爱的人。然而，宽容曾经深深伤害过自己的人或者自己的敌人，即："以德报怨"，则是最难的，也是宽容的最高境界，这才是人性中最美丽的花朵。

宽容是心理养生的调节阀。人在社会交往中，吃亏、被误解、受委屈的事总是不可避免地发生，面对这些，最明智的选择就是学会宽容。宽容是一种良好的心理品质；宽容是一种非凡的气度、宽广的胸怀；宽容是一种高贵的品质、崇高的境界；宽容是一种仁爱的光芒、无上的福分；宽容是一种生存的智慧、生活的艺术。它不仅包含着理解和原谅，更显示着气质和胸襟、坚强和力量。一个不会宽容，只知苛求别人的人，其心理往往处于紧张状态，从而导致神经兴奋、血管收缩、血压升高，使心理、生理进入恶性循环。

仇恨是一把双刃剑，报复别人的同时，自己也同样受到伤害，所以"冤冤相报"的结果就是"两败俱伤"。心中装着仇恨的人的人生是痛苦而不幸的人生，只有放下仇恨选择宽容，纠缠在心中的死结才会豁然脱开，心中才会出现安详、纯净的"爱之天空"——恨能挑起事端，爱能征服一切。

生活中我们每个人难免与别人产生摩擦、误会甚至仇恨；这时别忘了在自己心里装满宽容。宽容是温暖明亮的阳光，可以融化人内心的冰点，让这个世界充满浓浓暖意。

宽容是甘甜柔软的春雨，可以滋润人内心的焦渴，给这个世界带来勃勃生机。

宽容是人性中最美丽的花朵，可以慰藉人内心的不平，给这个世界带来幸福和希望。

忘掉仇恨，远离仇恨，用一颗宽容的心去宽容一切，拥抱一切吧，和谐共存是永恒的主题。

宽恕

一个男孩，不小心将隔壁女邻居窗上的玻璃打碎了。事后，这个男孩很害怕，担心被抓住。但很多天过去，每天面对的女邻居并没有找他。

出于良心的自责，小男孩攒了3个星期的零用钱——15元，准备为女邻居修好窗户。但当他把那15元用一种渠道送给女邻居后的第二天，女邻居给了他一袋饼干。当男孩把饼干吃完后，却在饼干袋里发现了15元钱还有一张字条。字条上写着："我为你骄傲！"在那一刻，这个男孩惊诧了。从此，他明白了世间一件宝贵的东西，它叫宽恕！

"你一只脚踩扁了路边的小花，它却把香留在那脚跟上，这就是宽恕。"原来有关宽恕的诠释可以这样优美而令人感动。

上苍造物，何等超绝，在赋予生命的同时，也赋予了一颗宽恕包容之心，就像那小花，从不拿别人的缺点惩罚自己。人生的际遇，从来都不会一帆风顺，总会有各种各样意想不到的遭遇，逢坎坷不颓废，遇泥泞不骂娘。时时处处都秉持一颗宽恕包容之心，你就可以随时随地获得快乐。

有一位名厨曾有名言说：在这个世界上，无论你怎样努力，都不可能符合每一个人的胃口。厨艺如此，做人亦然。站在自己的立场上，别人未必都合自己的胃口，而站在别人的立场上，你又何尝能符合每个人的胃口？这样看来，做人就应该存宽恕包容之心。也难怪孔子会说："己所不欲，勿施于人。"他讲的就是恕道啊。

查找思想上的垃圾，一键删除

微寄语 每个人都有很多思想上的垃圾，它们总在不经意间左右人的行为。找到它们，一键删除，你会发现自己少了烦恼多了兴趣，少了狭隘多了宽容，少了压力多了毅力。

电脑用久了，自然会产生垃圾。这些垃圾会加大电脑荷载，影响系统运行，就算配置再高的电脑，也禁不住垃圾的祸害。金山卫士、360卫士、QQ管家、超级兔子，各种各样的软件存在，可以帮我们查找电脑里的垃圾，一键删除。垃圾不被清理的时候，它们不会自己消失，就像我们心中的一些妄想、烦恼、纠结，如果你不主动抛弃它们，它们永远不会自己跑掉。这些是我们思想上的垃圾，使我们难以正常运行和快乐生活。

思想垃圾充斥着我们的大脑，不但使大脑的效率降低，而且会影响我们对事物的判断，更有甚者可能会导致我们神经错乱，精神崩盘。

还记得那个随身携带的记事本吗？把它拿出来，再拿一支铅笔，一块橡皮。按以下几个步骤进行：

第一，查找思想垃圾。

每个人都有一些前人留下的，或者自己总结出的"真理"，比如"没病就是健康"、"生老病死难以避免，随遇而安"、"前半生以命换钱，后半生用钱养命"、"有钱能使鬼推磨"、"养育子女是义务"、"孝敬长辈就是给钱"、"不论多么寂寞，都要淡定地活"等等。这只是一部分人心里最普遍的思想垃圾，至于那些思想比较独特或者思维比较简单的人，他们的思想垃圾也有不少。千万不要以为没有如上的错误思想就是没有思想垃圾，并因此而得意，得意本身就是一种思想垃圾。

第二，分析思想垃圾。

之所以会产生思想垃圾，归根结底还是因为对人、对事、对世界的认知程度不同。就像小孩子认为跑10米很长，长大了才知道跑100米很轻松一样。比如健康，很多人都觉得健康就是身体棒，就是不生病，却忽略了健康的另一个方面——思想健康。

你有没有常常感觉抑郁和焦虑？有没有莫名其妙地发过火？有没有不名所以地哭泣过？没有一个人的思想是健康的，因为思想本身就是一个不稳定的浮木，一点就着的导火索。我们所能做的，只是在最大限度上让思想稳定，多做些平衡性调节。

第三，调节思想。

凡事想开些，比如丢钱：再郁闷也不能把钱找回来，若闷出了病，还得花一大笔钱治病。比如失败：谁都遭遇过失败，有些人可能会气愤地摔茶杯、砸玻璃，那不是还得用钱去买。到头来只能让自己更难受，更憋屈。比如，"孝敬长辈就是给钱"，不管当年爸爸妈妈如何用"长大了赚钱给我花"这类的语言激励我们，如今我们真的长大了，父母真想从我们身上得到的却不是钱，因为再多的钱也换不来儿女的陪伴。

第四，删除、矫正思想垃圾。

既然知道思想垃圾是有害的，那就要采取措施及时删除，并纠正原来的思想。如果还不知道思想垃圾有多少，也不是什么不能解决的事情。当一个人产生怀疑的时候，当茫然出现的时候，当纠结的时候，只要问问那颗最初的心，它就会给出最正确的答案。所有这些都是需要纠正和删除的。但删除的同时，还要注意修正。不管你之前的垃圾思想都是怎样认知这个社会和你的人生的，有一些思想却是必须得知道的。这些并不是什么大话空话官话，而是实实在在的大俗话。这也不是在颠覆前人的思想，只是让一些理论更切合现时代的实情而已：

钱是赚出来的，也是省出来的。如果不知道节俭，赚得再多也会贫穷。

助人为乐是好事，但千万不要帮完了人就忘掉，在必要的时候，挟恩求报也是应该的。

笨鸟是要先飞，但在飞的时候也得搞清楚飞的方向，否则就不只是笨鸟了，还是傻鸟。

"成大事者不拘小节"不能作为丢三落四的借口，因为不注意细节的人永远干不了大事！

"馋人家里没饭吃"只是一种可能，有时候"馋"也是一种激人奋进的力量。

"车到山前必有路"纯粹是安慰人的鬼话，事实证明，不是每座山前都有路的！

"胆大走遍天下"不是让人无所顾忌地胡走乱跑，小心谨慎也是必须的。

"儿大分家，树大分权"不是向父母索要财产的依据，孝顺的儿女从来不会想着分家。

不要以为思想垃圾可以一次清除，随着人的成长，它们还会慢慢积累。你需要给自己一个周期，一周或者一月，定期清理思想上的垃圾，还大脑一片清净。这样才能让大脑像不被垃圾影响的电脑一样，在没有多余荷载的情况下，飞快运行！

每月一天，把自己幻想成你最崇拜的那个人

 微寄语 把自己幻想成最崇拜的那个人，用那个人的习惯说话做事。如果别人更欢迎你了，说明你崇拜对了人，以后要多向他的优点学习。如果别人开始厌烦你了，说明你崇拜错了人，你需要重新挑选一个人来崇拜。

每个人心底的最深处都会有一个崇拜的人，那是一个喜欢到可以为之疯狂的人，是一个可以让人忘记现实去不停幻想的人。为了这个人，可以不惜放弃一切，包括尊严、习惯、金钱，甚至生命。

有些人把"李宇春"的歌迷叫做"玉米"，他们并不反对，欣然接受，只因为"李宇春"就是他们最崇拜的人。料想就算把他们叫做"傻玉米"，很多人也会欣然应允的，他们没准会觉得这是在夸他们可爱。

在某年的某天王演唱会上，如潮的观众不停地尖叫呐喊，还时不时地跟着天王一起舞动身体。因为场面太过激烈，以至于有若干人被践踏而死，伤者无数。但这都没影响到人们的热情。

人们把心中的那个人当成自己人生的唯一追求和向往，不懈地追逐着所有关于那个人的一切。有些人常把自己打扮成那个人的样子，

他们觉得这是件非常光荣的事。却忘了还有个更能让他们接近那个人的好办法。

每月一天，把自己幻想成你最崇拜的那个人，你会用怎样的一种心态去面对他的生活、他必须要接触的人呢？会是一个激动兴奋的状态，还是特别淡定的心态呢？假如今天就是那个日子，你将如何？

把自己幻想成那个人，这样才可以更近地走入他的生活，更真切地看着他的每一面。只需要每月一天，用他的嗓音去唱你最喜欢歌，哪怕唱出错误的音准。用他的笑容面对你身边所有的人，不论敌人还是朋友；用他的笔迹写下你最喜爱的文字，横竖撇捺都是那么认真。

每月一天，把自己幻想成你最崇拜的那个人，你是否有勇气去承担他所受的一切委屈，是否有毅力继续他所付出的努力。那一天是既定的，不管你愿不愿意，都要坚持，不要轻易放弃。

看着新闻里、报纸上那一条条关于你偶像的消息，正面的也好，反面的也罢，都是属于他独一无二的色彩。当你的世界里只存在黑夜白天的时候，你会发现那个白天就是你的希望，黑暗却是你死活都不愿接受的。不必惊慌失措，只要用一颗无常的心去接受那一天。就能让你平凡的生活变得丰富多彩。

假如今天你就是你的偶像，你要过的仍是你自己的人生。现在你已经是你的偶像，你将如何处理今天的早餐？如何上班下班？如何打发无聊的时间？当然，前提是你所拥有的，还是你拥有的，只是你的人变了性格。

假如今天就是那一天，你会发现什么？

再辉煌的人生也有瑕疵，你的偶像也是如此。不用忙着否认，你的偶像可以做你的工作吗？你的那些报表，那些复杂的数据分析，那些各种各样问题的应急处理？再天才的将军也不一定能有炊事班的士兵做饭好吃，就是这个道理。

你必须承认这个事实，就是当你更亲密地与你偶像接触之后，你发现其实他也是一个人，只是一个普通人。不同的是你们有着不同的轨迹，和与世界交谈的面孔。此时，你还觉得他是那么高不可攀吗？

有没有想过用一个你自己的方式超越大家崇拜的他，让那些羡慕的目光都投向你。90%以上的人心里一定有这个信念，可一直没有坚定地理念去完成，他们虽然已经有了一个有着足够明确的目标，却少了几分前进路上的坚毅和果敢。

如果给你一次接近你最崇拜的人的机会，你最想做什么？是学他说话，学他做事，学他的一切。还是更近距离地观察他，发现他的不足并改正，让他的瑕疵更小、更少。或者笑着对他说"我迟早会在这条路上与你一起追赶着，走向明天"？

平常在我们的世界里，他好似就是一个天，就是你全部的骄傲，其实并不是这样。我们往往忽略自己的优点，只是把自己的缺点暴露在他们面前，这样永远都不会超过他们。试着把自己的优点暴露出来，让它们呼吸一片天空的空气，让它们走上不同的路线唱最美的歌曲。

微改变，从每月一天做起！

每月一天，把自己幻想成你最崇拜的那个人，在他的基础上用自己的努力，慢慢走着辉煌的每一步。即使是一小步，也能与他肩并肩走在大街上。当你怀着这个梦想走近他的时候，你会发现你们两个人之间的距离其实并没有多遥远，人与人之间只差一个平等的心去交流，就这么简单。

这个月的这一天，可能你就是你的偶像。换一个角度去想，换一个方式去看，就会变得有所不同。把那些他主宰你世界的想法抛到脑后，用一颗平等的心去接触他，感化他，你会发现另一个美好，属于你也属于他。

把自己幻想成自己的偶像，并不是为了满足自己的虚荣，也不是为了让自己更亲近地靠近偶像。只是让人明白偶像不是天上的星星，每个人都有权利崇拜自己的偶像，但也有能力追赶，甚至超越自己的偶像——你要做的很简单，只是给自己一个明确的目标，再加上坚定的理念和超越的信念。每个月只需要一天，不久之后，或许你真的可以与他一起看世界！

记住那个你不喜欢的人的电话

微寄语　在不同的时间、不同的地点、不同的场景，首先平复一下你的内心，仔细把当初的某个让你们不快的场景回忆一下。或者你也可以把自己当成他，去体会，为什么他当初会那样。如果是误会，肯定是有些原因的。用心去斟酌，你一定能发现些什么。

随着科技的进步，人们手里的手机也是日新月异，安卓、塞班、苹果、Windows，各种各样的系统出现在公车、地铁、餐厅和办公室里。每个人的手机都有一个黑名单的功能，专门用来存储那些不受欢迎的人的电话。

你的黑名单中有多少电话？除了那些电信诈骗的、推销保险的和让人厌恶的追求者，是否还有一些你不希望听到声音的人？那些是什么人？没有利用价值的，没有共同语言的，还可能是些被你羡慕嫉妒恨的。

手机黑名单的存在，让我们省却了不少烦恼，却也养成了一些人的娇惯——只要看这个人不爽，二话不说，打入黑名单。久而久之，黑名单里的电话越来越多，联系你的人却越来越少，渐渐地，你发觉不对劲了。现在，你该做些什么了。

平心静气地清理，别把黑名单当成保护伞。

除了那些你百分之百确定没必要联系的人，这里只包括那些电信诈骗的、恶意推销的和对你动机不纯的人。其他人的电话号码，你全部列到纸上，你需要做的是仔细斟酌，思索之后再思索，决定该把谁在黑名单中解除。

有没有想过误会的存在？你确信那个被你拉黑了的人，和你的过节都是真实存在的吗？有没有想过这其中有什么误会？没准当初他说的那句话还有别的意思，没准他那样做也是迫于无奈。你不是他，你怎么能肯定他是故意想伤害你呢？

在不同的时间、不同的地点、不同的场景，首先平复一下你的内心，仔细把当初的某个让你们不快的场景回忆一下。或者你也可以把自己当成他，去体会，为什么他当初会那样。如果是误会，肯定是有些原因的。用心去斟酌，你一定能发现些什么。

既然这个人的电话曾经存在于你的电话本中，说明你们曾经是朋友。对于一个曾经相熟的友人，又何必做得这么绝情？如果实在不好意思拨通这个电话，或者你还有些问题没有想通，那也好办——中国这么多节日，随便找个节日给他发条祝福短信，看他的回应再做打算吧。当然，如果这天恰巧是清明节或者鬼节，那就不要发了……

问题可能出在你自己的身上。你觉得他是错的，觉得他不该对你如何如何，觉得他就是个十恶不赦、不可原谅的罪人。但你有没有想过，他为什么要那样对你？或者问题本来就出现在你自己的身上，仔细想想吧，你并不完美。

如果他对你恶语相加，可能是因为你做了让他愤怒的事。如果他有什么过激行为，那也可能是你的某些言行实在让人无法忍受。如果他背叛了你，可能是因为你的某些举止让对方感到了不安。

仔细想想吧，就像你观察一个陌生人一样，把自己摆到圈子外面，仔细审视你自己。如果你发现了自己的错误，那么勇敢点，拨通那个电话。或者也可以发一条短信，道歉，让对方看到你的诚恳！

真打算老死不相往来了吗？再大的仇也不过是国仇，再大的恨也不过是民族之恨，相信你黑名单中的任何一位，都不可能和你有那么大的仇恨吧？犯法了有警察来管，道义上的错误也会受人谴责，或许他对你造成了伤害，但你就不能给他一次改过的机会吗？

如果对方真的是个不知悔改的"宁种"也倒罢了，但如果他真的对你表示愧疚，真想做些什么来挽回你们的关系，为什么你不能给他一次机会，也放自己的仇恨一条生路呢？老死不相往来看似是一种气魄，但实际上这只是为自己的内心加上了一道无形的枷锁。

有时候两个人产生嫌隙，可能是因为某个人的狭隘，这个人可能就是你。或者问题并不怎么复杂，只是简单的你看他不爽，你觉得他人品有问题，觉得他有些炫富，觉得他有时候看不起你。或者你觉得这家伙是个没有任何利用价值的人，贫穷、没文化、素质低，各种各样的借口。

谁都有自己的小想法，这些有时候虽然算不上大错，却可能会酿成大祸。不管这个狭隘的人是你，还是你的朋友，哪怕是他无论如何也看不上你，你最好也要再做一次努力。两个人能成为朋友很不容易，千万不要因为一时赌气让这珍贵的友谊轻易失去。拨通那个电话，问声"你好，最近怎么样，无聊了，找你聊会天……"你们的友谊之花将再次绽放。

黑名单的存在只是让你避免不必要的骚扰，不是帮你竖立一道无形的围墙。如果你把黑名单当成自己的保护伞，那只能说明你的命运比那些被狗狗咬烂的手机数据线还可悲。还在想什么呢？赶紧去打电话吧！

找找身边的巨人，站站他的肩膀

微寄语 不是所有巨人都需要高山仰止，其实生活中也存在很多小巨人。找到这些人身上的优点，加以学习，你会更加完美。找到这些人身上的缺点，改正自己同样的错误，这时，你就已经站在了他们的肩上。

"学习雷锋好榜样⋯⋯"小时候我们都学过这首歌。听着雷锋故事长大，我们从小就拾金不昧，热心助人。那时候，最大的愿望就是能在胸前别上一朵小红花。除了雷锋，我们还学过很多榜样的故事，这些故事大多是关于某个伟人的小片断，比如董存瑞舍身炸碉堡，比如黄继光堵枪眼，比如张海迪身残志坚。

初中以前，通过这些故事，我们学到了很多东西，也认识到了榜样的力量是无穷大的。他们就像一个个巨人巍然屹立，成了我们争相追捧的偶像，也是我们前进的参照。但在高中开始，当我们的思想趋近成人化，叛逆期如期而至，这些偶像也连同爸爸妈妈的叮嘱，被我们一并忘到了脑后。

时值今日，当事业无成，爱情失败，生活过得愈加不如意的时候，很多人想起了当年那段有巨人崇拜的岁月。但在儿时的习惯促使下，什么雷锋、董存瑞、爱迪生和张海迪都被当成了老黄历，人们都不愿再去追捧，觉得那很幼稚。

除了这些人，还有谁是值得崇拜的偶像呢？很多人开始犯愁了，但很快乔布斯和盖茨等巨人被舆论屹立了起来，人们开始跟盖茨学赚钱，跟乔布斯学发展，但学来学去，却学不到什么真正有用的东西，原因很简单：不是所有人都搞得起微软，也不是谁都能制造苹果一样的传奇。

世界这么大，该去崇拜谁？巨人啊，你们在哪里？很多人都会有这样的疑问，他们却不知道，其实他们的四周，到处都是巨人——很多人在小时候都会把偶像当成那些有大作为的伟人，事实上，平凡人也有他们的伟大之处。

人没有完美的，但也没有完全一无事处的。每个人都有自己的优点和特长，只要留心观察，任何人都是值得学习的榜样。与其把精力用在像伟人学习上，不如与身边的巨人比肩来得更实际。

有计划地比肩才是好比肩。

有人比你更真诚，有人比你更有毅力，有人比你更有耐心，有人比你更懂得善待生命。你要为自己制定一个小册子，每当你发现一个巨人，就把这个巨人的长处记录在案。认真地分析，为自己制定一个"攀爬"计划，努力在规定的日期之内超过这个巨人。

毅力是良药，虚心是药引。

自满懈怠要不得：不要因为学到了一些东西就开始满足，你可以用这些小有成就后的小喜悦来激励自己，但千万别把小成就当成人生路上的丰碑，因为以后的路还有很长，你的成就绝对不止如此。

良药苦口的道理谁都懂，在与巨人比高的过程中，毅力是人们必须时刻带在身上的。当倦怠袭来的时候，要拿出一粒"毅力药片"吃下去，同时还要服用一片"虚心片"。因为只有毅力的话会使人产生盲从、迷失和骄傲自满的后遗症，虚心就是抑制这些后遗症的药引。

底气要足，脚步要稳。

登山的时候，站在山脚，仰望巍峨的高山，每个人都会先为自己打气。登山时身体都会前倾，会用最适合的脚步和呼吸节奏。如果身体后仰、脚下轻浮、呼吸紊乱，那么这个人早晚会从山上摔下去。

巨人是很高，但不要因为巨人的高大就自惭形秽，更不要因为巨人的高度丧失信心。高墙并非一砖砌，你要做的只是给自己鼓足力气，稳住脚步，一步一步的向上爬。记住：踩在脚下的才是你的真实高度，要稳步上升，而不是虚浮坠落。

知道你该学什么，不该学什么。

人无完人，每个人的身上都不只有优点。所以在和巨人比高的时候，不要盲目地学习。不要觉得巨人全身都是宝，因为这些宝有适合你的，也有不适合你的。如果胡乱地一概引进，搞不好会使你自己"爆体而亡"。

假想巨人此刻就站在你的面前，和你面对面站着。分析你和巨人的异同，正确的、适合你的就学，不正确的、不适合你的就别做考虑。你要做的只是让自己更完整，你要让自己如虎添翼，而不是在自己的蛇身上多添几只没用的足。

学习不是完全的效仿，你不是他。

巨人只是你用来比高的，而不是让你全盘复制的。在学习的过程中，有些人会为巨人身上的光芒所迷失。并渐渐地把自己假想成巨人，效仿他所有的言谈举止、音容笑貌。直到某天清晨，在面对镜子的时候，会忽然产生这样一个念头：我到底是谁？

你要做的只是借鉴和转化：学习他的优点，根据自己的实际情况，把这些优点完美的运用到自己身上，而不是把自己变成巨人的样子。看到每一个巨人你都会羡慕，都会迫不及待地从巨人身上学到一些东西。稳住自己的根脚，时刻牢记你要做的是你自己，而不是巨人。

别停止，世上无难事。

超越巨人其实是件很痛苦的事，首先你要忍受着巨人那强大气场的震慑，你要时刻和疲惫、自备心、自满心作斗争。尤其是在遇到一些难以超越的巨人时，你很容易就会失去信心、一蹶不振。

仔细想一想，现在的巨人，以前是什么样的呢？没有人出生即富贵，也没有人带着学历证明出生。每个人的财富和知识都是一点一点积累起来的，别人能一步一步的成长为巨人，为什么你就不能呢？

他只是你的比较点，而不是最终目标。

你生活在一群巨人中间，这些巨人有高有低，你不停地在每一个巨人身上学习，渐渐地，你可以和其中一些巨人比肩。你继续向上攀爬着，直到你达到了最高巨人的高度。这时你应该怎么做？

不要以为你已经到达了顶点，这并不是你的最终目标。你所处的圈子只是世界之海中的一滴海水。走出你的圈子，寻找更多的巨人，没有人强迫你不能继续生长。放弃洋洋自得和偷懒倦怠的心思——这世界上没有最高的巨人，只有永无止境的攀登。

Chapter8

不要后来才学会爱

年轻的我们，心中充满对爱情的憧憬，但总是在爱中受伤，当然在伤痛中我们也会成长。悄悄对你的爱，对你爱的方式，做出些微小的改变，被你爱的人，会更舒服，你得到的爱也会更多。

在家里为心爱的人做早餐

微寄语 一顿早餐费不了多少气力，却可以作为每个黎明的浪漫序曲。当爱人看到那充满温馨和爱意的食物时，你们的感情更好了，心情更棒了——有这样一个好的开始，接下来的一天一定会更加完美。

每天早上迷迷糊糊醒来，匆匆忙忙起床洗漱，然后冲出家门……相信，这是大多数上班族和家庭的普遍现象。你爱你的家庭，你爱你的家人，你想改变这种不健康的生活状况，你想努力让自己的家人吃上营养的早餐。因为早餐是如此重要，对于女人来说，一顿好早餐是瘦身的前提；对于孩子来说，一顿好早餐是爱心的浓缩；对于男人来说，一顿好早餐是幸运的敲门。

虽然大多数人都知道早餐在一天中是非常重要的，不单是经过了一夜的休息，肠道已经空空如也，早餐还要担负整个上午身体和工作所有营养的需要。所以，在这个被放上高速传送带的城市里，在这个早餐概念化地成为"饼干加牛奶"的时代里，若能做一些调节，让自己的家人享受一份营养的早餐，那将是多么的与众不同。比如，在某天清晨，让你的孩子在荷包蛋和稀饭的扑鼻香气中醒来；在某天的清晨，老公走进客厅那一刹那，闯进他眼帘的是一杯热气腾腾的牛奶和一盘已经加好火腿片的面包；某天的清晨，让你的家人睁开眼的时刻看到你围着围裙手持饭勺站在床边的微笑："起床吧，早餐做好了"……然后，一家人坐在桌前，慢慢享受丰盛的早餐，唇齿间的惬意，饭后心满意足的神情，怎是快乐可以形容出的呢？一天的幸福生活，也会从这一时刻荡开。

从今天开始，美好一天就从亲手打造温暖的早餐开始吧。平凡的早点，只要承载了爱意，就能在平淡中荡漾出幸福，琐碎的忙碌中亦有细微的缠绵。在都市的纷繁节奏中，抽点时间稍作停留吧！早餐里的温暖味道，将是你不可错过的风景。

因为一顿简单的早餐，不只是一顿饭，不只是一份爱心，也不只是一份温存，还有一份在意和鼓励，还要看着他吃完，并告诉他，他吃东西的样子是最美丽的，让她留恋。不要觉得这很"酸"，因为爱情本来就是这样的。

这并不是在探讨为什么爱和爱什么，而是在阐述应该如何爱。当然不只是要他和她去旅游，不是要他给她买精美的礼物，也不只是甜言蜜语、海誓山盟，而是最简单的、最基础的他应该做的一件事，为他心爱的她做早餐。

相对于舒服的被窝，而作为男人的人，他应该更喜欢那种看到她的笑容时的满足。

清晨，当第一缕阳光透过窗帘的间隙投射到床上，他却并未留恋未完的美梦。不用闹钟把他喊醒，他已经起身进了厨房。早餐很简单，一杯牛奶，两个煎蛋，还有几片蔬菜。他会精心地把它们整齐码放到盘子里，摆成一个可爱小熊的头像。他想：当她看到这份早餐时，会是怎样的表情。

他确实看到了，当小熊摆在她面前的时候，那惺忪的睡眼一下子冒出了光。她是那样的激动，虽然只是简单的一顿饭，她却感受得到他为她、为爱的付出。他很有成就感和幸福感！

有些人觉得这没什么大不了？那是他弄不懂爱与喜欢。有些人觉得这是件劳民伤财的事，或者觉得没有什么能比睡个懒觉更舒服的事情，再或者觉得这是一种恋人间不平衡的表现——凭什么我给她做，她却不给我做？

如果这样想的话，那只能说明这些人并不是真正地爱着自己的恋人，充其量只是单纯的喜欢。

和爱人在一起的时候，谁都无所顾忌，会不由自主地把自己最原始的一面表现出来，撒娇、装乖、扮可怜，甚至会故意找些借口进行小争吵。当一个人觉得爱上一个人时，就会不由自主地把那个人当成最应该亲近的人。当爱人需要什么的时候，哪怕只是一顿简单的早餐，他也会毫不犹豫地走进厨房。这是爱。

喜欢却不一样，喜欢一个人，就是想向那个人表现，总想把自己最好的一面表现出来，去吸引对方，并得意于对方眼睛一亮时的那种自豪。当一个人喜欢一个人，和她交往之初，他肯定不会在对方面前剔牙放屁，这不是怕影响他在对方眼中的印象，也不是怕失面子，而是因为他们还没有爱上，只是单纯的喜欢。

喜欢的时候，虽然谁都会付出，但也有一些底线。可能有些人这时也会做早餐，但那只是一时的冲动。如果让这些人坚持着每天做下去，用不了多久就会觉得累，觉得他们爱的人并不是那么完美，他们觉得现在应该开始疏远对方了。

一顿美味可口，又营养的早餐，就像雪中送炭一样，不仅能使人体激素分泌很快地进入正常，直达高潮，更能给嗷嗷待哺的脑细胞提供必需的能量。

付出，是因为在乎，不要等到失去了才想起爱。

只是一顿简单的早餐，谁都不会付出太多什么，无非就是少睡会儿觉，多干点活罢了。但这简单的事情发生的时候，所能得到的收效却是完全不一样的。就像爱着的某个人忽然间收到来自对方的小惊喜一样，那不一定是什么贵重的礼物，但那种愉悦是何等的幸福。这从爱人那惊讶、感动和幸福的眼神中就能看得出，不是吗？

为心爱的人做早餐，这并不是示弱，因为在爱情中是没有强弱之分的。这是为了巩固，为了让对方知道你对她的在意。这世界上除了付费的保姆和免费的父母，谁会无怨无悔地总是为一个人做早餐呢？答案很简单，只有她，你的爱人！

谁都有过曾经，都知道那种回忆起昔日爱人时的痛，还记得当初的那些约定和情话吗？那件答应了却未来得及送出的小礼物，那成了一直埋在心底的悔。虽然如今已物是人非，但现在的爱就不是爱吗？爱了，就牢牢地牵住，不要在茫茫人海中再失了彼此。虽然只是一杯热奶加两个鸡蛋，所代表的东西却不只那么简单。

不想房子，再想拿什么结婚

 微寄语 婚姻不是儿戏，也不只是一句承诺和一种寄托。想结婚的时候想想房子，虽然会给你的肩上增加压力，却也增加了动力。想结婚的时候想想房子，虽然会让你的生活更为拮据，却能在节省中体味到生活的真谛。

结婚不只是为了传宗接代，不只是为了避免被人指点非议，也不只是为了让父母安心、放心。说穿了，结婚的目的就是想安稳，找到一个永久的安全感和归属感。

女人需要安全感，这安全感不是有多少钱，男人有多帅，家里有什么关系网。女人的安全感其实很简单，有一个家和一个每天按时回家的男人。

男人需要归属感，这归属不只是女人对自己的需要，也不只是老婆让自己放心。男人的归属来自放松，最让男人放松的地方就是女人的怀抱和一个专属于两个人的根据地。有些人总爱拿"裸婚"来说事，实际上，这些人根本没弄明白自己是活在现实，还是在电视剧里。

裸婚不是光着屁股结婚，是指那些不买房、不买车、不办婚礼，甚至连一枚像样的婚戒都没有，跳过烦琐的结婚步骤，而直接去领证的简朴的结婚。这个词语在2008年开始兴起，起初只在网络流传，当电视剧《裸婚时代》暴红之后，这个词更是传遍了大江南北。

为什么会裸婚，大多数人都觉得这是由于生活压力，以及现代人越来越强调的"婚姻自由"和"婚姻独立"而产生的现象。在大多数年轻人眼中，婚礼、房子、车子以及巨额的彩礼都渐渐成了浮云，裸婚才是80后人群最新潮的结婚方式。

看着刘易阳和童佳倩的悲欢离合，很多人渐渐把自己当成了剧中的主角，陪着他们一起哭，一起笑，甚至学他们说话，学他们崇尚裸婚。在这些人眼里，裸婚是正道，是王道，是独一无二的道。

现实中可能存在刘易阳和童佳倩一般的爱侣，那种爱情却不一定就会发生在我们的身上。有些人觉得裸婚很个性、很时尚。在一般情况下，这都是在为他的无能和懦弱而做的掩藏。除了那些刻意寻找"裸婚"感觉的人，大多数想"裸婚"的人，都是买不起房的人。

有人总爱拿现实说事，觉得社会压力太大，房价越来越高，工作越来越难找，这些都是裸婚一族常挂在嘴边的话，甚至有人还会说些如"没有李刚那样的爸爸"一类的借口——最简单的一个问题，为什么别人可以买房买车，难道那些人都是靠着老子过日子的吗？

白手起家的人虽然在总人口比例中并不甚多，但并不代表你就不可能成为其中一个。如果你把看《裸婚时代》的时间和精力都用在学习和工作上，你所拥有的，肯定比现在要多很多。

有些人觉得休闲娱乐和放松自我是必需的，但他们却忽略了一个关键问题：他们根本就没紧绷过。想结婚，想买房，就得有钱。想有钱，就得把一秒钟掰成两半过，把所有时间都用在武装自己的思想和能力上。只有到了那时候，有些人才知道脚踏实地是什么感觉——人可以在外地漂着，心却不能漂。

社会、房价、工作都不可能因任何一人而改变，人们却可以选择停留的城市。漂泊在京广沪的80后们，难道你们必须在北京、广州、上海买房吗？有些人在这些地方连基本的温饱都解决尚艰，又何必苦熬着呢？"人挪活，树挪死"的道理谁都懂，却没有多少人付出行动。

从一套房子能看出一个人能否担当。两个人在一起的一生中，会经历怎样的苦难波折，会有多大的开销？养育子女，生活所需，生老病死，每个家庭在50年之中都会花出一个巨额数字。而一套房子的首付款，相对于这个数字，完全可以忽略。如果连可以忽略的都拿不出来，还怎么指望那巨额数字？

一套房子，对于一个每月只赚几千块钱的人来讲，确实很贵。以北京为例，就算是50平的小房子，首付也要将近20万。如果每月可以攒下2000元，这需要攒差不多10年！

攒钱，买房，结婚。

先结婚还是先买房，这是很多人常常考虑的问题。但在衡量取舍之前，最应该考虑的是"想不想买房"。想买房，就得攒钱。攒不到钱，就算结了婚，也是让另一半陪着自己受苦。

钱，不一定没有，也可能都在淘宝、KTV、Starbucks等地方浪费掉了。有没有想过，这些被挥霍的，其实就是房子啊！假如一个人每月赚5000元，除去1000元房租和1000元饭费，再加上1000元的流动资金，完全可以在卡里存下2000元。如果是两个人一起来攒呢？

3.2元的大米可以换成2.8元的，15元的烟可以换成5元的，少去几次KTV，少参加几次AA聚会，少在朋友面前装几次大款，袜子用不着穿50元一双的，10元钱的内裤穿着其实也挺舒服，不是吗？

别觉得攒钱是件苦差使，这只是为了买房而做出微改变的第一步。接下来要考虑薪水和工作了，谁都不甘愿每月只拿这几千块钱，可很多人都不知道该怎么办——事实上每个人都有大把的时间可以学习，可以让自己更有能力去赚更多的钱，又何必把时间都浪费在电视剧和网络游戏上呢？

　　婚姻不是儿戏，不是我们小时候玩的过家家，随手一指，就能让谁当爸爸妈妈。很多人的一生只有一次婚姻，看看你的爱人，她是那样的爱你，那样的无所顾忌，她可以只要有你就不管其他地和你结合，难道你就要这样苦着她，连个家都不愿给她吗？不想房子，再想拿什么结婚呢？

在街上找一个你认为的30年后的她

微寄语 想想人老珠黄、青春不在的她，你会更加珍惜她现在的美丽；想想腰背佝偻、病痛缠身的她，你会更加在意她现在的健康。想想30年以后的她是什么样子，你们的生活会多出珍惜、在意、赞美、包容、理解、浪漫和新奇！

你深深地爱着那个人，她的一切都被你当作信仰一样供奉。你永远忘不了她的笑容，忘不了她身上的味道。她的声音于你而言是那样的美妙动听，她就是这世界上最完美的神。

相见恨晚，很多热恋中的男女都会有这样的感觉：我们怎么不早认识彼此呢？那样我们就可以多幸福很久；为什么对方不是我的初恋，这让我觉得总有一些遗憾。要是我们能一直这样甜蜜下去，等我们老的时候，还可以这样，那该多好！

那是一个充满了温馨和浪漫的日子，烛光，红酒，你们四目相对，许下永生永世的诺言，你心里有一个念头在不停地呐喊：我爱你，无论天涯海角，无论天荒地老。好吧，不用天荒地老，30年后，你还会继续爱她吗？

抽一天时间，做好充分的心理准备，最好带上一包纸巾，你会用上它的。

这就是30年后的她吗？原本那似霞的笑容怎么成了这副模样？满是褶皱的脸上写着无尽的沧桑，这就是我的那个神？不用奇怪，这就是她，或者说，在你的潜意识里，你要把她当成你30年后的爱侣。

岁月是把杀猪刀，没有人能禁得住时间的打磨。再美丽的容颜也会衰老，再苗条的身段也会臃肿，再坚强的体魄也会被疾病折磨。这就是人生，这就是我们正在经历着的无奈又真实的人生。

想想，每天清晨睁开眼睛时你看到的那张酣睡甜美的脸，想想那个在你耳边呢喃，轻诉情话的声音，想想那道矗立在月光下的婀娜身影，如今却变成了这副样子。

当年，今日，以后……

当年，你们曾手牵着手，在秋日黄昏徜徉在海边的林荫道上，落叶铺就的不只是林间小路，还有无数的浪漫和情话。你清晰地记得那双白嫩娟秀的手，如玉般晶莹剔透的皮肤和圆润无比的嗓音。还记得那天你们的约定吗？还记得你们在看向彼此时的眼神吗？你们那天并没有说太多的话，因为那情、那景、那秋色，已经禁不起更多的诱惑……

现在，你见到了30年后的爱人，同样的秋日黄昏，同样的海边树林，同样的林荫小路。你还是你，而对方却已年迈体衰。想想曾经的浪漫和情话，看看那满是褶皱如老树皮一样干裂的手，那没有一丝生气的皮肤，还有那苍老的声音。你们不是说好，等老了以后也会像当年一样牵着手，在林间慢步，现在，你还愿意再牵那只手吗？还会再说那些情话吗？

衰老确实是件可怕的事情，但谁都不可能逃过生老病死的轮回，这是一件可悲又无奈的事情。可凡事都不可能尽是坏处，比如衰老：时间让人衰老，却也可以检验出一些情、事和心。

你的爱，打折了吗？你看着30年后的对方，会有怎样的想法？没错，这就是时间对你的考验，对你们的考验，对你们感情的考验。仔细想一想，当年你为什么爱她？因为她的外貌还是声音？

既然你们爱了，就是一生一世的责任。那个陪伴你终老的人，她不可能一直拥有现在的模样。如果有一天她变得苍老年迈，你还会像现在这样爱她吗？

你明知道她是你30年后的爱人，如果现在让你去亲吻她，你愿意吗？看看那布满老茧的、不在纤细的、像是过度失水的老树根一样的手，你还愿意像曾经一样牵吗？

你的爱，打折了吗？是不是觉得像是在做一场噩梦？没想到以后她会变成这个样子，早知道就不爱她了！如果你这样想，那你现在应该做的事情就是尽快和她分手，别耽误了人家的青春。

是谁让她变成这样的？拿出你的纸巾，擦掉眼泪吧。你的哭泣，可能是因为后悔，后悔当初没有好好爱她，没有趁她还年轻的时候留下她更多的美丽。

现在她已经老了，禁不起任何旅游的折腾，可你清晰地记得，你还欠她一次到云南的旅游；你答应过她，等你下次发工资的时候，会和她一起参加一次舞会，跳一曲属于你们的华尔兹。现在，你觉得她还跳得动吗？

趁着她还年轻，把那些许过的诺言一一兑现吧，不然等到你们都老了，就算再有心，也没有力了。趁她还年轻，多赞美她，多欣赏她，让她知道，在你心里，唯有她是最美的。

仔细思考：老婆和妈掉水里的问题

 微寄语 老婆和老妈落水，不是比较两个女人孰轻孰重，而是考验男人如何面对老婆和老妈的战争。如果能有效解决这些矛盾，那夫妻生活将更加和睦，母子关系更加融洽。

孟子：昔年母亲三次择邻而居，只为我能学业有成，母亲为我付出的，我用生命都无法偿还。百善孝为先，自然是先救母亲。

周幽王：为了褒姒我能不要江山，难道还在乎一个年老体迈的老妈？自然是先救老婆了！

救母，意味着念亲恩；救妻，意味着重感情。到底是妈重要，还是老婆重要？二者都重要，不能顾此失彼。像什么"救妈，然后陪老婆死"，这种答案是最傻的：他们觉得救了妈妈就是报答了妈妈，陪老婆死了也是对得起老婆了。却忽略了一个很重要的问题：伟大的母爱只在乎生死？儿子死了，妈妈活着就舒服？可能她恨不得淹死的是自己！

老婆和妈，救谁都有道理，也都有错误，说来说去都不能说清。很多人开始纠结了，到底救谁。无数次地假设，无数次地探究，最终还是毫无头绪。实际上这两个选择都不重要，重要的是这个男人会不会游泳！

如果总把思想局限在有人掉进河里，那么这个问题会让人想破脑袋。不管当初出这道题的人是本着怎样的目的，实际上这只是个如何处理矛盾的问题——如何在老婆和妈的夹缝中生存。

老婆最需要的是安全感和踏实。

嫁汉嫁汉，穿衣吃饭，老婆嫁给老公，说白了还不是为了过几天安稳日子。相对于纸醉金迷和奢侈浪费，她更注重的是和老公在一起的时候是不是感到安全，是不是觉得踏实。

在老婆面前，当老公的一定要记住：不管心里是怎么想的，老婆永远要在第一位。当老婆有错的时候，能忍的时候就忍，忍不了的时候也要讲策略地让她改正。在纠正老婆错误的时候，千万不要说"我妈说你这样不对……"这样的言语等于激化老婆和老妈的矛盾。

老婆需要赞美，不管是她的美貌还是厨艺，哪怕她已经胖得不成样子，老公也要说她是世界上最美丽的女人。在老婆面前，永远不要表现出老妈是第一位。要让老婆知道，她对老公非常重要。

但也不要把老妈当成隐形人，老公需要时不时地说出一些老妈的好处，这里的小诀窍是"只说一样的，解释不一样的"：如果老婆和老妈有共同点，就要大肆宣扬这些，先让二者达成共识，只要老婆对老妈产生了共鸣，其他什么都是小问题。

老妈最需要的是归属感和放心。

老妈最担心的就是儿子娶了媳妇忘了娘，也担心儿子过不好日子，担心儿子被儿媳欺负。所以当儿子的永远不要在老妈面前说自己和老婆吵架的事情。要让老妈放心，最简单的办法就是不停地告诉老妈儿媳的好。

这种好不是老婆花钱买什么了，也不是和老婆一起去哪旅游了。老妈永远都担心儿子钱不够花，最怕小两口铺张浪费。当儿子的不如告诉老妈，老婆如何会过日子，如何勤俭持家，最后千万不要忘记补上一句

"颇有老妈当年的风范"。

如果儿子哪天在老妈面前犯了错，千万不要把责任推到老婆身上，这样会加剧二者的矛盾。就算真是老婆错了，也告诉老妈是自己的错误。同时还要和老婆统一口径，这样一来虽然儿子倒霉了，但老婆却会因为老公的"仁义"和做贼心虚对老妈更好。

当老婆遭遇老妈。

两个女人，一个男人，女人的目的不同，男人的目的却很简单，只想让两个女人能和睦相处。

聪明的男人都善于调和老婆和老妈的关系。如果哪天这两个女人恰巧闹了矛盾，双方又都不想矮着面子承认错误，好了，现在该男人出手了。办法很简单，语言上的安慰和适当的小礼物：给妈妈的礼物说是老婆送的，给老婆的就说妈妈送的。两个女人明白了男人的心思，也就不会说破了。

除了不厚此薄彼的安慰和送礼物，揣和也是个不错的办法。揣和不难，只要男人有胆子把所有矛头都转到自己头上，让老妈和老婆站到一条战线上，这样就万事大吉了。要是揣和不成，就干脆往乱里搅和，让二人不可开交，最后同时答应两个人的意见，让他们看看这个小男人有多苦吧，她们不可能不心疼。

当老婆和老妈掉进了水里，根本不用考虑先救谁、后救谁。只要男人有足够好的水性和足够棒的体魄，就可以跳进水里，先给距离近的度一口气，然后去救起距离远的，在回程的时候把近距离的一起拉上岸就万事大吉了！

对爸爸妈妈说，我永远爱你们

微寄语 告诉爸爸妈妈，你将永远爱他们：这是一种感恩，对于父母曾经的无私付出给出的回报；这是一种鼓励，对于自己目前尚未尽到的孝顺给出的目标；这是一种珍惜，对于时日无多的亲情给出的及时补救。

那一声"我爱你"无法自然地对他们袒露出来，就这么留着、留着，却不知道要留到什么时候才能告诉他们，等想说的时候，却发现已经……

父母的爱，不是理所当然。千万不要觉得父母就该对子女好、就该对子女付出。就算法律也只规定了父母有对子女养育的义务，却没说要一辈子都管着孩子。可事实上，谁的父母不都是从小管到老？就算子女已经成家立业，还在竭尽所能地补贴着孩子的生活、关心着孩子的生活。

父母都不欠子女的，没人逼他们必须无微不至、无私无我地爱着子女。父母的爱是自然而然的，只因为他们为人父母。哪怕孩子从小不听话，哪怕孩子长大了也不乖，哪怕孩子有时候会对他们横眉立目发脾气，依然深深地爱着自己的孩子。

一个人，从来到这个世界开始，尿布是父母换的，衣服是父母穿的。吃的是妈妈的奶，离不开的是爸爸的怀抱。学的第一个词就是"爸爸"或者"妈妈"。他知道爱，却说不出爱。

爱人之间不是常说"我永远爱你"吗？面对自己的亲生父母，有什么不可以的呢？

有几个人可以在回家的时候，轻松自然地对为他开门等候的爸妈说句"我爱你"。看着那等在门口的身影，或许他能有一瞬间的感动，可是却没有用实际行动表示出来的勇气。

"爸爸我爱你，妈妈我爱你"，多少次，这句话就哽在很多人的喉咙里，甚至已经到了嘴边，可终究没有说出口。多么简单的一句话，那是多么沁人心脾的温暖，可是很多人都错过了，永远失了声。

"爸爸我爱你"，这句话一点都不难。在那些父亲为了我们能够上学读书而辛苦赚钱的时候；在我们走上歪路及时带我们走出的时候；在我们在外忙碌，而他却在家牵肠挂肚的时候，我们都应该向他表达出爱。

"妈妈我爱你"，这句话一点都不难。在那些她为了我们早起做好吃营养的早餐时；在那些她为了等我们归家而独自亮一盏灯守着寂寞时；在那些她看我们结婚而流出放心的眼泪时，那一句"我爱你"是我们最应表达的心意。

试想有一天和父母面对面，却不知道该说什么的时候，不妨把那句藏在心里很久的"我爱你"说出来，你会看到他们满含泪水的目光；你会再次体会到他们手心的温暖；你会听到他们激动的心跳，仿佛有一瞬间停止跳动的错觉。

让我们再回到家看到那一盏孤灯的时候，准备好那句"我爱你"，在他们为我们打开门的一刹那，给他们一个温暖的拥抱，说出那句藏在心里很久的话吧！

不要后来才学会爱

一辈子真的不长，一眨眼、一瞬间就会失去很多东西，千万不要把那句"我爱你"也让他们一起带走——让我们开始行动，慢慢地成为习惯，先从微笑着说出"我爱你"开始吧！

不把除春节以外的节都当情人节过

 微寄语 别把春节以外的节日当情人节过，因为对于中国人来讲，最具文化底蕴和最具亲情的节日永远都只是春节。好好地过春节，那是一年只有一次的全家团圆的传统节日，那是父母每年最开心的日子。

情人节、愚人节、万圣节、圣诞节，人们渐渐忘记了中国传统的寒食和中元，忘了儿时最喜爱的端午和中秋。在大多数青年人眼里，中国传统节日只有春节是逼不得已才会过的，其他精力都放在了崇洋媚外上。

在一些人的眼中，春节就是一个每年都必须完成的、劳民伤财的任务——在外面漂得轻松自在，偏偏还要回家团圆，钱没少花不说，一到家就是这事那事，没有一个年能过得轻松自在；更有甚者，一到春节回家时就愁眉苦脸，而在其他节日出双入对，看电影、买衣服、旅游，各种各样"情人节"似地浪漫。难道春节真的如此不堪，还是人们都忘记了独属于中华的传统节日？

随着人性的解放和新时代人群对人性独立的倡导，越来越多的人在亲人和情人之间失了衡。有些人在考量日子过得是不是快乐时，并不把亲人团聚当做选项。更多的时候，有没有情人陪伴成了完美生活的标准。他们觉得不管什么时候，有情人相伴，有浪漫伴随就是快乐，就是幸福。

哪年情人节的花店、酒店不是被抢之一空？哪年万圣节的南瓜灯滞销过？哪年的圣诞节苹果不会涨价？这并不是人们把更多的精力用在"提升层次"上，而是因为这些节日都能与爱人一起度过。对于那些还没有结婚的人们，春节只有父母，没有爱人，所以根本算不上节日……

从某种意义上讲，春节可以说是中华民族除了礼仪之外遗留下来的最有底蕴的文化。4000年啊，中国的春节已经有了4000年的历史，圣诞节还不到2000年，情人节则是在14世纪以后才兴起的。

还记得关于春节的一切吗？

每一个中国的传统节日，都有一些美丽的传说，我从小就听这些故事长大。记得小时候，每到一个节日，坐在爸爸妈妈的怀里，他们都会给我们讲述那些令人神往的故事。这些当然不是从书本上学的，因为这些文化瑰宝有人们口口相传就够了。

如今，可能你已经有了孩子，你还记得多少传统节日：到了端午节的时候，你会给孩子包粽子吗？还会讲屈原投江的故事吗？到了中秋节的时候，你家的餐桌上会有月饼吗？还会讲嫦娥和玉兔的故事吗？

谁还记得"除夕"到底是什么意思？谁还记得从腊月初一开始，一直到年三十中间的那些歌谣？还记得哪天祭灶，哪天扫尘吗？还记得哪天接玉皇，哪天贴门神吗？腊八蒜该怎么腌，知道吗？

记得小时候最喜欢的节日就是春节，因为新年到了，有新衣服了，有压岁钱了，可以放鞭炮了，可以逛花灯了，因为我们又长了一岁。可现在你还有什么喜欢的节日吗？有，但肯定不是和爸爸妈妈一起过的春节，而是那些能与情人一起过的节！

春节干不过情人节，情何以堪？

2010年的春节可以说是近年来最纠结的春节，因为大年初一那天正赶上当年的情人节。两节相遇，单身男女和已经结婚的倒是无所谓，那些恋爱中的、各自回家过春节的人们可就犯了难。

一方面是一年一度的全家团圆的中国传统节日，另一方面又是温馨浪漫充满异国情调的洋节。无奈何，大多数人的爱情都战胜了亲情，一时间无数男女背井离乡，要么谎称公司开会，要么假说朋友有难，更有甚者为了过个情人节，干脆连家都不回了。

或许在一些人的眼里，这些人是"有勇有谋"、"敢爱敢恨"的，但也有些评论家说这些人都是没良心的白眼狼！为了恋人，连爹妈亲人都不要了！为了让情人脸上露出个惊喜的表情，却让原本团圆的一家人个个愁眉苦脸、唉声叹气！

情人节之后又是愚人节，再后来各种各样的节日接踵而至，成人节、万圣节、奔牛节、感恩节……元宵、汤圆是什么味还记得吗？难道只有与情人在一起才是团圆，才是过节吗？

在和情人浪漫游玩的时候，你有没有想过，那满鬓斑白的父母此时正在家里，日复一日地细数着你的归期！

Chapter9

心甘情愿接受和实践一些道理

有些道理，已经被称为老生长谈，不再当道理去用。

但是无论是理论还是实践，懂得这些道理都不会吃亏。不

要总以为我是时尚新人，我是走在时代前沿的人为借口，试

着去懂这些道理，让这些道理指导你的微改变。

不听老人言，吃亏在眼前

 微寄语 老人总结了一生的教训，常听老人言，能让我们少走弯路、少犯错误。好处有很多：指导我们如何正确对待生活，如何正确做人，如何面对困难、接受挑战。

"把舵的不慌，乘船的稳当"、"百日连阴雨，总有一朝晴"、"败家子挥金如粪，兴家人惜粪如金"、"帮助别人要忘掉，别人帮己要记牢"、"背后不商量，当面无主张"……长辈总爱拿这一类的话语告诫我们，指导我们如何正确对待生活，如何做人，如何面对困难、接受挑战。

小时候，享受着父母无微不至地呵护：风起有父母为我们披上大衣，下雨有父母为我们打伞；每每出门都是小手被大手攥着，每走一步都有父母牵着。我们觉得很幸福，觉得有这样的爸妈真好、真骄傲。我们可以单纯到不用思考任何事情，只因他们已经把路铺好，供我们慢慢地走。

长大一些，我们变得叛逆，开始不听父母的话，甚至反驳父母的话，觉得他们老土、不懂得新时代的潮流。于是，两代人之间产生了代沟，而且越来越深，只因为他们听不懂我们口中的周杰伦、开始反对我们自己的决定、限制我们的"明智"选择。

再长大一些，很多时候、很多事情，我们开始学会对父母说"不"。或许那时候我们觉得一个简单的"不"字能让自己感觉成熟很多，觉得自己也有了与大人们讨价还价的能力，有时候甚至会用各种声调和响度重复着同一个"不"，却不知道，这简单的一个字，会让父母多难过、多伤心、多失望……

我们一次又一次地把"老人言"当成了耳边风，最终结果大多是"吃亏在眼前"。即便如此，还是没有任何教训地继续"不听老人言"。当然，这里倒不是说老人的话就一定能让我们顺风顺水，更不可能就可以保证绝对成功，但他们的话毕竟都是他们的切身体验，是具有实践真理的。虽然有时候不应景，但大多数能帮助我们少走歪路。

"不听老人言，吃亏在眼前"，谁都知道这句话，但我们并没有按照这句话去做。父母是天下最无私的人，他们宁愿拼出了命去呵护自己的孩子，又怎么会把孩子推向不幸福不成功之路呢？这是任谁都明白的道理，我们却在做事的时候忘记了本意。

也有不少人觉得这是一种独立的表现，但独立并不代表所有的事情都要一个人拿主意、做决定。如果说不管做什么事都是一个人思考和执行就是独立的话，那世界根本不存在独立了——谁都可以有自主的生活，但还是要偶尔去虚心地问一下，或者专心地多听几句他人的劝告。

我们有多少人在人生的大河上过桥，但桥还没走完，就掉进了河里。冰冷的河水中，我们在挣扎，老人却在岸边纠结地等待着我们上岸，心急地看着我们慢慢成长。他们不是狠心不帮助我们上岸，只是想让小一辈的我们能真正地独立，勇敢地走完我们自己所选择的路，哪怕是错的，也要让我们自己明白过来。

长大后，我们总感觉自己独立了，可什么才是真正的独立呢？很多人把那些愿意自己去做的、不愿意让别人插手的事情当成是自己的专署，觉得自己拿主意是独立的表现，却并不清楚这件事情对我们有什么样的后果。我们很少会思前想后，但老人们想了，但我们却不愿望听从他们的建议。偏激地以为他们过时了不中用了，甚至还会觉得如果听从了老人言，会失败得更彻底。因为我们早就受不了老人的喋喋不休和关心爱护了，并且只会认为他们的一切说辞都是故弄玄虚，谨小慎微。只有当我们再次摔跟头时，"不听老人言，吃亏在眼前"才会浮现在脑海里。

事实上，那些听起来喋喋不休、谨小慎微的话，才是真正的关心与爱护。在老一辈子人的眼里，无论你长到多大，都只是个孩子，也有可能在说话措辞上不会那么委婉，没有那么多顾及，开个玩笑地批评或者随便逗几句，都是有可能的。但当这些批评遭遇了我们那可怜的"自尊心"时，轻的梗着脖子不听，重的刚会直接反驳，甚至会翻脸不认人——老人为什么会说我们，其实心里更清楚，那完全都是出于关心和爱护！

成年后，当我们再次受到外面的风吹雨打时，心中对那带有温度的大衣和带着花边的保护伞是那么的怀念；当我们再一次因做错事情而懊恼的时候，又是多么的想再听一听那曾经无数次响在耳边的"老人言"啊！

点背，不要怪社会

 微寄语 点背与社会无关，想想自己的不足，找找自己的失误，分析一下到底是什么原因总让自己这么点背，改正它们。把这当成习惯，你会发现自己越来越明智，心态越来越积极，离最好的自己也越来越近。

剩斗士、房奴、啃老、月光、卡奴、宅，随着70后人群渐渐步入中年，80后的人群也被打上了各种各样的标签。"悲催"、"浪催"、"倒霉催"，这几个词语越来越多地成了人们的口头禅。不管什么时候，只要不顺心了、不开心了，或者失败了，很多人都喜欢用这些词来抒发情感。

有些人总是觉得自己是世界上最倒霉的星星，再也没有比自己点背的了。一天到晚地皱着眉头，即使听上一段让人捧腹大笑的相声，也看不到他们脸上显现一丝笑容。

是点背，还是不会经营呢？看看他们都在做什么吧：

不是在相亲，就是在去相亲的路上，要么就是陪着别人去相亲，对象难找啊。为什么对象难找？很多人在谈及择偶条件的时候，都会洒脱一笑：咱没要求，无非就是好看点，有点钱，有稳定的工作，有……各种各样的"有"凑在一起，那还叫没要求吗？

为什么找不到对象，这跟社会当然没关系，原因在于人的贪欲太大。每个人的QQ上都有那么一个人，他每天最希望的事情就是她能跟他聊几句，可她就是不理他。他的QQ上还有那么一个人，每天她都想跟他聊几句，可他就是不想搭理她……

谁的旁边都有很多剩斗士，观察这些剩斗士的婚恋史不难看出：在一般情况下，10分的男人想要的女人一般都是9分的，太高的难驾驭，太低的看不上；9分的女人想要的却是11分的男人，因为那样才更能体现自己小女人的柔弱和大男人的宽阔。

当然，至于那些除了钱不嫁、钱不娶的，还有类似非清华、北大硕士不嫁的某某姐某某哥，找不着对象只能算他们活该了。有句老话说得好，"想娶皇女，得看看你带不带驸马的架（价）"！

每个人在小时候都有过一个拯救世界的梦想，只是所有想拯救世界的最终都没变成超人，而更可悲的是，他们发现整个世界都没法拯救他们自己。还有些人小时候有过欺男霸女的梦想，可长大后才发现点背，说什么都是白扯。

点背吗？这当然不是天生的，而是每个人在后天成长的过程中经历的一切决定的，比如：出身、籍贯、教育、努力等等。但不管一个人经历过什么，现在拥有什么，都不是他点背的原因。之所以会点背，归根结底，还是每个人的思想在作怪，因为他们不能正视自己的不足。

常听周围的人说工作不好找，到底是工作不好找，还是太好高骛远了呢？当初大学毕业的时候，谁都满怀过期待，觉得自己精神百倍，天天崇想着某某天到某某企业当CEO时的风光。于是，工资低的免谈，试用期长的免谈，不上保险的免谈，没有双休的免谈……一个刚走出大学校门的毛头小子怎么有那么多的要求。在大学里按着课本学了几天国际经济学，不等于就有能力担任一个经济师的职位。

工作不难找，难的是对待工作、社会和自己的态度。学以致用当然是好事，可有时候连吃饭租房都要家里供着，还想着什么宁缺毋滥啊。从小父母就教育子女"钱多多花，钱少少花"，这个道理谁都明白。可偏偏就有那么多人，每个月花的都比赚的多。

以北京的生活水平而论，假设每个月的薪水是4000元，在四环附近找个合租房，房租应该在800元左右；每个月上下班的车费大概200元；成年人每日三餐加一起需要40元，一个月是1200元；如果吸烟，每天再加上10元的烟钱，一个月是300元；通讯费50元；生活用品100元；穿衣100元。一个月下来的正常花费就是2750元。

再换个角度来算，如果早点和晚饭都在家做，既营养又实惠，每天只在外面吃一顿午餐，每天有30元足够了。10元的烟和5元的烟都是烟，多省一点是一点。这样一来，也没苦了自己。此时，每个月只需要花费2300元，剩下1700元，可以留下300元做零花，其他1400元就是积蓄！

每个人的出身不同，后天努力不同，机遇不同，对待生活的态度也不同，为什么总有人会那么点背，这个问题其实没有任何思考的价值，因为思考这个问题的人，都是那些不懂生活、不思进取的人！点背不能怪社会，只怪自己不懂如何适应这个社会。

有些话不能乱说，有些事不能乱做

 微寄语　别总想做什么就做什么，遇事的时候多思考，你会变得谨慎聪慧，避免很多错误和麻烦。做事的时候多思考、多推断，你的逻辑能力会加强，成功的几率也会随之增加。

有些话不能乱说，有些事不能乱做，就如药不能乱吃，搞不好会把人毒死一样。

贩毒的不吃，犯法的不做，很多人都知道这个道理，但还是有那么多人为了金钱、名誉、地位或者所谓的爱情铤而走险。有些人可能没做过这些傻事，但并不代表他们所做的一切都是应该做的。

以职场为例，每个人首先要做的都是把公司的规章制度放在首位，尽量不要违规做事。公司不是为个人而开设，所以要主动地去适应公司的制度和节奏，千万不要特立独行、标新立异，否则很可能会被淘汰。

生活中也有很多该做和不该做的事。背地里说人坏话的事情不能做，心高气傲、瞧不起人的事情不能做，自作聪明、投机取巧的事情不要做。

不论什么时候，虚心是需要谨记的，不管遇到什么事情都要尽量让自己心平气和地去思考、去解决，千万不要遇事就六神无主、不知所措。盲目冲动不可取，对于那些脾气不好的人，必须克制那一点就着的爆脾气。

倚老卖老不可取，以小欺大不可取。不管对方是美是丑，也不要嘲笑人家。不论自己有多成功也不能得意轻狂。莫笑穷人贫困，莫欺少年轻狂，莫嘲老人爱忘，夜郎自大的最终结果只能是自取毁灭。

知道自己拥有什么：每个人都应有属于自己的活法，任何人都没权力非议你的一切行为，但如果你的行为和你自身所拥有的不相符，那就必须得好好思考一番了。聪明的人都知道自己有多大饭量和多大胆子，否则，要么是撑死，要么是饿死，要么是被吓死。

知道自己的资本是什么：包括文化层次、口才、专业知识和目前拥有的金钱及交际圈子——当然还有亲爱的爹妈，如果他们很富有，或者很有门路的话，有这基础干吗不用呢？

知道自己想得到什么：如果一个人连目标都没有，他的人生就像一只不知道该干什么的苍蝇，只知道没头没脑地乱飞。可能有些人现在正处在茫然阶段，那么，该想想"我想得到的是什么"了。

平安、健康、激情、财富，这些都可以作为成长的目标。目标与资本是息息相关的，只有从自己的资本出发，才能制定真正符合自己的行走路线，这就像蚯蚓一般不会让自己暴露在阳光下，乌龟的速度永远上不了高速一样。一个人如果现在一无所有就不要做一夜暴富的梦，如果已经有了一定基础，或许可以考虑放手一搏。

活着是一件很累的事，每个人都不可能脱离人群独自生存，每天、每时、每刻、每秒都有无数个问题需要考虑，小到日常生活吃什么饭，大到该买多大的房子哪一款汽车，或者是在人生的十字路口的每一项重大决策。

抛开金钱、健康和名声不谈，每做一件事首先要付出的就是时间。

对于任何一个人来讲，时间都是最珍贵的东西。在做事之前必须思考清楚，如果在未来遭遇失败，能不能承受如许多时间的浪费。

如果把目标的完成期限定在十年之内，那就得衡量一下，这十年的付出值不值得，还得想想，是不是还有另外一种方式，运行起来更轻易，成功率也更高。千万不要等到失败的时候再去后悔——时间已经没了，后悔也不能弥补过去的损失。

每个人都不是孤立存在于这个世界上的，谁都有亲人和朋友，所有你在乎的和在乎你的人，在你决定做某事之前，请先想想他们。千万不要想做什么就做什么。如果你出现了意外，最痛心的肯定不只有你，你没有任何权利让别人为你而难过！

相见，不如怀念

 微寄语 有些人，与其相见，不如怀念。这能使双方始终保持对彼此最好的感觉，能使感情始终停留在最浪漫的阶段，能使心情永远保持最愉悦的状态和天天向上的热情。

每一段网缘都是一种奇妙的缘分，网海茫茫，只是不经意间的一次点击，就使两个人彼此相识。聊着，笑着，从完全陌生，到彼此相识，觉得像是多年未见的老友，又似是彼此从未分开过的影子，距离一下子拉近了不少。

随着时间的延续，聊的东西越来越多，从生活点滴，到感情中的各种细腻，没有任何顾及和保留，直言不讳、大胆直率，在他们看来，没什么好隐瞒的，因为网络的另一边是另一个自己。

文字是最能沟通心灵的工具，虽然不如语音直接，也没有影像动作的辅助表达，但却多了无数遐想的空间。彼此开始关注着对方的一切。谁的心情有了变化，谁的博客有了更新，都会为在对方的领地留下自己的足迹。

相见还是怀念，这成了他们纠结的一个大问题。工作都没心思继续，心里不停地叨念：见，还是不见？在每个人潜意识里，一旦产生了这种疑问，就说明他还是想见的，否则也不会有这种纠结。但不管怎样，还是不见面的好，因为相见真的不如怀念。

为什么要见面？这是个问题。为了吃顿饭或者看场电影，再或者为了更近、更亲实地感受对方的气息……结果有多少人最后改成了"去宾馆聊聊天"？

如果是为了去宾馆聊天，还不如直接将对方拉黑，就当是做了一次善事。如果是为了其他，就没必要去打破对方的生活了。之所以彼此可以肆无忌惮地吐露心声，一部分原因是能听懂彼此的语言，另一方面是因为彼此没有相同的交际圈，没有了任何顾及。

当然，网友也可以成为朋友，事实上如果真是这样，两个人非但不可能相处得更加畅快自由，反而会让彼此多了一些顾及——有些话，如果告诉了彼此，天知道对方能不能为你保守这个秘密。如果某天决裂了，自己的秘密被另一个人悉数得知，后果更可怕。

成了恋人，反而成了败笔。

别指望随便在网上聊一个人就能成为恋人，虽然也有成功的案例，但真正生活幸福白头到老的没几个。每个人都有自己的小恐惧和小敏感，可能在相处初期他们会觉得那是一种得偿所愿的惬意，但可能在某个夏日午后，当她看到他坐在电脑前的背影时，会忽然想起这样一个问题：那家伙可以和我聊成这样，会不会也和别人有同样的感觉呢？恐惧来了……

其实每个人的心里都会有这样一个共识：有上进心的男人不会泡在网上，正经的女人也不会整夜和网友聊天。虽然这个想法在某些人看来有些老套，但事实上这话真的有几分道理——谁见过乔布斯一天到晚在聊天室里聊天，谁见过丘吉尔夫人纠结于该不该和网友见面？

事实上，网络转成恋情的人们，10对中有7对都会存在着各种各样的恐惧。其中大多数都会害怕，怕自己的另一半被网上的别人聊走，怕自己不过是对方众多伴侣中的一个，再加上现在越来越多"被小三"的事例，不害怕才奇怪！

美好来之不易，不要轻易打破。

不论最终成为朋友还是恋人，结果都不如相见不如怀念的感觉好。当然这不是要把人一杆子全打死，也不排除成为好朋友和那些将爱情进行到底的。但不管怎么说，结局好的可能性远不如结局坏的大。

怀念着不是更好吗？每天不管有多累，多忙碌，当身心俱疲地回到家的时候，打开电脑，看到有一个人在网上等待的时候，收到对方的嘘寒问暖，那种感觉不是更好！"最熟悉的陌生人"，这才是最美妙的感觉。

不管到了什么时候，都要记得，对方不是朋友，也不是恋人，当然也不是简单的一个网友。如果非要下个定义，可以把那当成是彼此的影子。或许，某天，两个人会在大街上相见。谁也不必去说"你好"，只要轻轻地对彼此一笑，擦肩而过即可。相见，不如怀念，其实只为在彼此的生命中留一份最初的美好。

种瓜得瓜，种豆得豆

 微寄语 猜忌的阴霾和愉悦的天空，是因人的心情而变换的。今日种下的因，是明日收获的果。你在今天的一切心态、习惯、作风和好恶，都将决定着明天的成败。

你是不是处在一个非常欢愉的环境中，你的周围始终充斥着各种各样的欢笑：开心的笑，轻松的笑，激动的笑，哪怕是无奈和失败，人们大不了摇摇头、叹口气，但脸上的笑容依旧。

这是为什么？当然不是因为这些人都是傻子。之所以你的身边都是笑声，完全是因为你以及你周围的都是乐观的人。这些欢笑已经成了习惯，这都是你们共同种下的"愉快的种子"。

如果你总是感觉活得太累，觉得每天都在和不同的人钩心斗角、尔虞我诈，总是不停地猜忌这个，琢磨那个。那你的周围的人很可能也是如此。这或许与你的工作有关，但更多的原因，还是在于你内心本身就是不洁净的。

"猜忌的种子"就像传染性病毒一般，一开始它可能只在一个人身上滋长，然后会传到另一个人身上。渐渐地，猜忌的种子已经遍地生根，当所有人都染上这种病毒以后，你头上的天空将充满阴霾。

猜忌的阴霾和愉悦的天空，这并不是自然现象，而是因人的行为而转移的气氛。种瓜得瓜，种豆得豆。就像人们常说的那样：你的心里想的是什么，照镜子的时候就会看到什么。

"濯清涟而不妖"，这句话被很多人当成自律的警句，但实际上，但凡经常把这种话挂在嘴边的人都是不交善友、不行善举的人。或者说那可能是为自甘堕落而找的借口——与其等着"不妖"，为什么不远离妖气呢？

在你有困难的时候，帮你的人多吗？如果你在某天突然陷入了某种困境，是有很多人会帮助你，说明你之前对这些人种下了"帮助"的种子。如果你身边从来没出现过"贵人"，只能说明你经常在别人有难的时候袖手旁观。

每个人对借钱这件事情都有着自己的规则，最多的都是"只谈感情不谈金钱"。或许某天你囊中羞涩，不得不向身边的人张嘴借钱。那时你的第一想法肯定是："那家伙会把钱借给我吗？以前人家向我借钱的时候我可从来没借过啊……"

你知道你拥有最多和最少的是什么吗？你知道自己的优点和缺点是什么吗？要知道，你所拥有的每一个优点和每一个缺点都是一个种子。与人交往就像对着镜子看自己，你笑的时候，对方也会笑；你怒的时候，对方同样会立眉毛。如果你是善良的，对待任何人或物都能保持一颗友爱的心。如果你习惯了清高自傲，觉得谁都不如你，那么你周围的人肯定很少有真诚的，他们或多或少都会与你有些共同点，这从你们经常聚在一起带着鄙夷的口吻去评论别人就能看得出来。

微改变，其实一点都不难。

什么样的种子长出什么样的苗，当然也需要土壤、阳光和水分的补充。种子只是你最初的那一个想法，后期的浇灌和营养的汲取是你需要作出的努力。如果你不想长成"歪瓜劣枣"，那么就要作出一些小行动了。

如果你每天走进公司大门的时候，脸上都能带着自然的笑容，友善地与人打招呼。无论当天的天气如何，也不管内心的压力有多大，哪怕面对的是那些你最厌恶的嘴脸。就算是强迫，你也要坚持下去。

不用坚持太久，只需要一个月，如果某天你走进公司，看到所有人都对你笑着说"早安"。实际上，这个时候的你已经习惯了友善，就算让你改掉，可能你也改不掉了。之前的笑容和招呼，就是你种下的种子，得到的微笑和问候，就是你得到的收获。

当你的朋友遇到困难时，要尽量去帮助他。这当然不是要你为朋友倾家荡产、两肋插刀，而是适当地给予一些帮助。哪怕你没钱，也没有解决困难的人脉关系，至少你可以细心地帮他分析问题的本质吧？

让他看到你的真诚和努力。如果某天你也遇到了一些难题，这个朋友肯定也会贴心地帮你渡过难关。你不要把这当成是一种平等交易，人情债是永远都不可能算清楚的。

对所有人都要持有相应的尊重，不论那人的社会地位如何，不管那人的口袋里有多少钱，也不管对方的相貌如何丑陋。永远不要嫉恨别人，仇恨会冲昏你的头脑，让你作出不理智的举动。

记住，对长辈永远都要孝顺，对晚辈永远都要耐心教导。如果你现在已经有了孩子，千万要让他们从小就知道"孝顺"二字的含义，这当然要用你的实际行动来诠释。你对父母的孝顺就是你种下的种子，将来你得到的子女的孝顺就是你收获的果！

记吃，还得记打

 微寄语 人生要记吃又记打。记吃，是记住成功时的喜悦，以此来激发自己继续前进、再获成功的动力。记打，是记住前进路上的挫折和失败，以此来吸取教训，避免再犯同样的错误，以最快地速度抵达胜利的终点。

　　驴子拉磨的时候总会偷吃磨盘上的食料，因此挨主人的打不计其数。最可气的是，每次挨完打还会偷吃——记吃不记打！

　　有人做过试验，把一只被鱼钩钓上来的鱼儿扔回水里，再拿带着饵的钓钩去引诱，傻鱼儿又会被鱼钩钓到——记吃不记打！

　　每个人的童年都存在着这样一句话"记吃不记打"。这一般都是在小家伙们犯了错误之后，屡教不改时，大人们板着脸，甚至一边打着屁股，或者揪着耳朵时训斥的一句话。如今再把这句话拿出来说事，并不是老生常谈，也不是要揭一些人儿时被打屁股的短，而是告诉人们：如今的你和小时候的你没什么区别，可能仍然是记吃不记打！

　　就像有些人明知道吸烟有害健康，明知道喝酒多了会伤身，而且已经被烟酒蹂躏过多次，可当别人递给他一支烟或者敬他一杯酒的时候，他还会不假思索地接受。这不就是典型的记吃不记打吗？

有些人总爱拿"不接着，不是不给人面子吗"说事，他以为这是一种随和的表现，这种想法是特错而大错的。每个人都有自己的习惯，如果对方尊重你，那也应该尊重你的习惯。如果对方还是一味相让，说明这个人根本就不尊重你。对于不尊重你的人，你还随和个什么劲呢？

吸毒者和赌博者也都是记吃不记打的典型。这两种人肯定都知道毒和赌的坏处，相信其中大部分人也都深受过其害，但事实上这些人却是见到毒品就不要命，一上赌桌就不会停。直到最后吸毒吸得家破人亡，赌博赌得妻离子散。

不可否认，戒烟、戒酒、戒毒、戒赌确实都是很难做到的事，但难做到不等于做不到。不要拿意志不够坚强来说事，意志都是培养锻炼出来的。当初，当一个人还是初生的婴儿时，谁都禁受不住吃手的诱惑，为什么现在却可以戒掉？

按理来说，人类的思维是所有动物中最复杂的，认知力也是最强的。可为什么人经常也会像动物一样记吃不记打呢？答案很简单：这是因为人们"吃"得不够毒，被"打"得也不够狠。

经常见到因为婚外情而破裂的家庭，经常见到老人因为子女离异而流下的泪水。可偏偏当自己遭遇婚外情的时候却无法自拔，这还不是因为他们衡量许久，觉得可以承受这些痛苦。

如果像某起凶案那样，"妻子遭遇婚外情，悲愤丈夫刀捅第三者，造成终身瘫痪"，这样的事情发生在这些人的身上，刀就捅在他们的要害。可能他们别说遭遇，就连想都不敢想一下。

谁都知道"不见棺材不落泪"，可就有那么多人拼命地"作死"：为了一时享受，身体健康不要了；为了所谓的"爱情"，礼义廉耻不顾了；为了贪赃枉法，大好的前途也弃之若敝屐。

之所以会这样，完全是因为他们还没见到"棺材"，所以才没有

"泪"。当身体被糟践百病缠身；当所有人都骂他"不要脸"，当贪污犯戴上明晃晃的手铐时，这些家伙没有一个不后悔的。

记吃，还得记打。

要记得自己吃过的亏、上过的当、遭遇过的失败，还一定要清楚地把当这些发生时的感受和境遇记下来，因为这些都是以后再遭遇同样状况时的警醒。很多记吃不记打的人，之所以几次三番地在同一个位置翻船，就是因为他们心大、忘性大。

有人自觉天生就是一个心大之人，不管用什么办法都不能使自己长记性。假如某天因为一时疏忽丢了钱包，在确定钱包不可能找得回来后，就需要开始恐吓联想了：丢了钱包就没有钱花，不但买不了那个漂亮的包包，还没钱去谈恋爱，还可能吃不上饭，就连方便面都买不起，每天都得饿着……如果遇到乞丐的时候，因为没钱施舍还可能会被鄙视……上下班也没钱坐车，坐不了车可能就会迟到，迟到了就会扣钱，那样我的钱就更少了，那样就更没钱坐车，可能久了就会被开除，那样我就没了收入……没了收入就没有钱花，就买不了那个漂亮的包包……

如果这些都无法让你长记性的话，你必须惩罚一下自己了：钱包永远不要放在外衣口袋里，你要做的事情就是把所有外衣口袋都剪掉！好吧，虽然这样有些"二"，但为了让你长记性，也只有如此了。这样一来，当你再犯错误的时候，只要想想那些可怜的外衣口袋，你会不会猛然醒悟呢？

误了一时，别误一世，你该逼自己上路了

微寄语 有些事，该做就做吧，从现在开始。如果现在少了推托、少了懒惰、少了懦弱，那么将来就会少了抱怨、少了嫉妒、少了怨愤、少了谩骂、少了贬低、少了无奈、少了失败、少了挫折！

一段两旁尽是美景的路，当你踏上之时，不知道终点有什么在等着。虽然你知道你的目标是路的尽头，但当你在路边看到如画的风景时，还是忍不住流连，甚至有时会乐不思蜀，打算就此停滞。

可能是出于对前路的好奇，也可能是其他什么原因促使着你，总之你继续踏上了旅程。当你到达终点时，那仿若仙境一般的画面深深震撼着你的内心。你忽然发现，之前所有的美丽，相对于眼前的完美，不过是些无关紧要的陪衬和铺垫。

或者你在路上也遇到了一些坎坷挫折，有几次险些被彻底击倒，你觉得这世界上再也没什么比这更痛苦的事情了。你开始一蹶不振，甚至破罐子破摔，再也不想继续这条充斥着痛苦的道路。

可能是你发现了前路的光亮，也可能是有些人在牵引着你，最终到

达了终点。可能你在终点遭遇的是成功，也可能是彻底失败，但这都不重要。重要的是你的内心，你觉得相对于终点，路上的所有坎坷都算不上磨难，因为你已经挺过来了！

这条路，就是你的人生之路，那仙境是你的终点。而之前的风景和坎坷，则是你在成功路上遭遇的所有喜悦和失落。你的终点可能是成功的喜悦，也可能是失败的折磨。不管是什么，其实你都是赢家，因为你坚持下来了，你得到的奖励是成熟。

你现在正处在什么位置？是在看风景，是在遭遇挫折？千万别说自己已经到达了终点，大家都知道"生命不息，奋斗不止"。你还活着，那就不能停下脚步。可能你耽误的这一点小时间相对于生命来讲不算什么，但就是这样的小时间加在一起，日积月累之后，使你从"误一时"，变成了"误一世"。

微改变，现在，你该逼自己上路了！

戒酒戒头一盏，戒烟戒头一口。酒杯虽小淹死人，连国家都把"酒驾"加进了刑法，我们还有什么理由抱着酒盏嘴硬？要做的其实很简单，下一次，再想喝酒的时候，不要喝第一口，不管别人如何劝！

与酒相同，烟也要从第一口戒起。难受，忍不住，那好，一切可以夹在嘴里、叼在嘴里的东西，都能暂时当成烟的替代。或者还需要一些强迫手段，比如把自己扔到一个绝对严禁吸烟的公共场所，强迫自己在里面呆一天……

浪再高，也在船底；山再高，也在脚下。所谓"千里之行始于足下"，如果你现在还在电视前看电视剧，还在电脑前聊天找"419"，那么你应该做的事情是把这些统统关掉，然后做些真正对你有帮助的事情。

你一定有你的梦想，不论是财还是材，那都不是坐等来的。你总说自己不满足于现在的境况，觉得薪水低，觉得工作差……如果你还不努力，你的未来只会更差。

越是怀才不遇，越不能低调示人，否则只能让你埋得更深。你觉得自己是块璞玉，是被掩埋在土里的金子，你深信自己迟早有一天会被人发掘出来。

你肯定发现了问题的不对头，怎么现在的朋友圈越来越小了，这样你怎么有机会被人发现呢？如果你是块璞玉，是块金子，就更应该拼命地往地面上钻——与其坐等其成，不如主动出击，曝光自己，扩大一下影响力吧！

那些半途而废的事情，该做个了结了。比如当年你向朋友许下的某个诺言，比如当初你计划好的要去某地旅游，比如你决定多次的准备看一本畅销书。再比如那些已经没有任何存在价值的垃圾情绪和那些你害怕想起的不堪往事。统统给它们一个结局吧！

每天，都要让父母的脸上因你而绽放笑容。如果你每天都能见到他们，那一定要记得回家的时候和他们聊聊天、谈谈心，时不时给他们买些礼物。如果你们异地相隔，那每天也要记得给他们打打电话，告诉他们你今天都做了什么。你要告诉他们你很好，让他们放心。还要记得叮嘱他们，让他们注意身体健康，凡事想开点。

其实你要做的并不多，只是一些生活、工作、学习中的小小改变。坚持吧，可能初期会很难，但你很快便会看到效果，那时你就不会觉得这些坚持有多累了。之后，你要把这些坚持都变成习惯，那时你就可以收获最好的自己了！

读透自己，计划人生

微寄语 "心有多宽，舞台就有多宽"，一个人如果把目标定得远一些高一些，即使最终不能够实现，但在克服困难的奋斗过程中，也会有意外的收获，一些低层次的目标会在这个奋斗过程中自然而然地实现。所以，想想自己拥有什么，希望得到什么，最怕失去什么，以此来做一个专属于己的人生计划吧。

"人无远虑，必有近忧"，不要总是在经历过后仰天长叹，悔不当初。现在，你拥有很多，也欠缺很多。可能你知道自身情况，但不管怎样，你拥有的只有现在。如果你连现在都把握不住，还有什么能力去谈明天，谈未来？所以，当务之急是赶紧为未来做一个计划。

七个思考读透自己，七步计划规划完美人生！

想一想：你最基础的目标是什么？

基础目标不是远大理想，不论是赚多少钱，买什么牌子的车，买多大的房，还是去哪儿旅游，去哪儿享受，这些都有一个必要前提：要有命去赚钱，有命去享受——无论何时何地，每个人最基础的目标都是健康地活着。

如果没有健康，想努力也只是心有余力不足。如果没有健康，就算理想再远大，也不可能全身心地投入拼搏。有了健康的体魄，你才可以在奔波的时候全力以赴。要知道：人最大的财富不是金钱地位，也不是名誉房产，而是健康。

人生计划第一步：健康计划。

请根据自身情况制订一个健康计划表吧：什么时候起床，什么时候就寝，什么时候锻炼，什么时候体检，什么时候该补充营养，什么时候该节食减肥，什么时候给手机放几天假……

想一想：原动力是什么？

资金基础、人际关系、好时代、好爸爸……不可否认，这些因素确实可能左右着你前进的速度。但这只是外因，并不是最大的决定因素，因为并不是每个成功人士都具备这些优厚条件。

希望才是前进的原动力，只有活在希望中，才能看到前路的光明。只有在希望的鼓舞下，才不会被挫折击败。希望是人类战胜困难和所有负面情绪的最好武器，没有希望的人就像一堆行尸走肉，没有方向、没有好恶、没有悲喜。记住：不论什么时候，不论遭遇了什么，都不要放弃希望。

人生计划第二步：愿望和希望计划。

人活在世界上总有些莫名其妙的想法和愿望，愿望出现总是不由自主地想伸出双手努力攀登，当竭尽全力的时候也曾考虑放弃，天生执拗的性格，迫使我继续拼搏着。在我人生的字典里，早已删去退却的字眼。呼唤的声音时常响在耳畔：成功！前进！永不停止！

黑暗向往光明，痛苦向往欢乐，逆境向往顺风，贫穷向往富贵，疾病向往健康，你的向往是什么？

想一想：靠什么吃饭？

有人会说："这个问题还需要想吗？当然是靠工作吃饭咯！"确实，几乎每个人都是靠工作赚钱吃饭，就连乞讨也算是一种工作。但是工作又靠的是什么呢？工作靠的是知识，知识才是你获得财富的武器。

工作有很多，但不代表每一种工作都适合你，因为那都需要相关知识，并能运用这些知识的人去操作。拥有更多的知识，就等于有了更多的生存方法。多一些知识，就等于多了一些实现理想的可能性。

人生计划第三步：学习计划。

每天记几个单词，每天学几个小知识，多久看一本书，多久进修一次，听别人说话学到了什么，看别人做事学到了什么——这都是学习，你怎样计划自己的学习呢？

想一想：利益很重要吗？

利益不是不重要，但它绝对不是最重要的。利益是每个人都在追逐的，但这不代表它是必须要追求的。人们常常为了追逐利益而把自己陷入桎梏，为了利益机械性地劳碌奔波。有些人为了赚钱而不顾身体健康，为了工作而不管爱人子女，为了实现自己的理想而弃老人于鳏寡孤独。

不停地拼搏着、奋斗着，结果为了利益失去了更多。钱赚到了，工作完成了，理想实现了，健康却没了，家人儿女被冷落了，老人与世长辞了。记住：不要因为盲目追逐而放弃更多美丽的风景。

人生计划第四步：放松计划。

放轻松，生活中还有很多更值得你去追求的东西：爱情、友情、亲情、健康、休闲、娱乐……计划一下，你要如何去重拾这些被你丢掉很久的美好。

想一想：最大的倚仗是什么？

"我聪明，不管什么我一学就会！"有人这样说；"我年轻，所以我有的是时间去荒废！"有人这样说；"我左右逢源，办什么事咱都有人！"有人这样说；"我出身富贵，我有一个好爸爸！"也有人这样说。

这些可以作为人生之路的助力，但也只是一些小法宝而已，并不能作为取胜的王牌。要记住：聪慧年轻不代表你就是赢家，人生之路太多辛劳，勤能补拙才是王道！

人生计划第五步：补拙计划。

每天有多少时间浪费在游戏上，每天有多少精力消耗在胡思乱想上。如果用这些时间去练习或者学习，你的"靠山"将更加强大。

想一想：谁最能帮助你？

在困难险境面前，自信和毅力是最容易动摇的。有些人被彻底击垮，一蹶不振、灰心丧气，麻木堕落，成了岁月的奴隶；有些人则选择了逃避，整日懵懂度日，或者怨天尤人、破罐子破摔，成了岁月的玩物；还有些人，他们仍保留着自己作为人的尊严，极力守住自信和毅力的阵地。昂着头，把痛苦当成磨砺自己的考验，一步一步地把苦难逼到了墙角，最后笑着了举起手中的利刃……记住：凡事只能靠自己，求天求地没有用。

人生计划第六步：自信计划。

"我能行。"你一遍又一遍地对自己说："我要重燃希望之火。"你不断地鼓励自己。你将如何重燃希望之火，如何坚定自己的信念？

想一想：如何奔跑？

每个人的面前都有一条赛道，这条赛道上有无数个起点和终点。第一个起点是人生的起始：从你降生在这个世界上的那一刻，你就进入了赛程。最后一个终点是人生的终结：你魂归黄土的时刻，你的赛程才真正画上句号。除此之外的每一个起点，都是和下一个终点重合的——在你获得了一个小成功时，你的下一个拼搏恰好从此开始。

如何奔跑？这是个必须思考的问题：要有速度，必须要跑得快，这样你才能获得更多的成功、更多的利益。要有准度，如果你总是画圈走弯路，那么你将浪费很多时间和精力。要有稳度，脚底要有根，虚浮无力的脚步只会让你摔更多的跟头。还要大度，你难免在奔跑时摔跟头、跑弯路，这时笑一笑，跑错了就纠正过来，摔倒了就站起来，拍拍灰土，继续奔跑。

人生计划第七步：奔跑计划。

什么时候该跑，什么时候该休息，什么时候该停，什么时候该冲刺，什么时候该换个方向，什么时候该小心谨慎，什么时候该勇往直前……好好想想吧。

说到底，人生无非只有三个"知道"：知道自己拥有什么、知道自己想要什么、知道如何面对得失。虽然只是这三个小问题，却囊括了一切世间的悲欢离合和磨难坎坷。仔细想想吧：人生只有一次，而且容不得半点搀假，在以后的日子，你将如何计划自己的路？